Eine vergleichende Schalt- und Getriebelehre

Neue Wege der Kinematik

Vortrag

gehalten auf der wissenschaftlichen Tagung zur Feier
des hundertsten Geburtstages von

Franz Reuleaux

am 11. November 1929 in der Technischen Hochschule zu Berlin

von

Rudolf Franke

Mit 81 Abbildungen

München und Berlin 1930
Verlag von R. Oldenbourg

Inhaltsübersicht.

Aus dem Vergleich elektrischer Schaltungen und mechanischer Getriebe ergeben sich über den Rahmen der Reuleaux'schen Getriebelehre hinaus neue gemeinsame Gesichtspunkte, die zu drei Grundbewegungsformen und drei getrieblichen Mitteln führen.

Diese wenigen Grundbegriffe ermöglichen die Aufstellung einer neuen, ganz umfassenden Systematik, welche zeigt, daß die Vorgänge auf mechanischem, hydraulischem, pneumatischem und elektrischem Gebiet große Ähnlichkeiten aufweisen.

Durch getriebliche Analyse läßt sich jedes Getriebe in die es kennzeichnenden Mittel zerlegen, durch Austausch gleichwertiger Mittel (Synthese) in mannigfaltigster Weise abwandeln und die Zahl solcher Abwandlungen vorausbestimmen.

Damit ist der Konstrukteur in die Lage versetzt, nicht einen, sondern alle überhaupt möglichen Wege, die zur Lösung einer Aufgabe führen, zu finden.

Diese Gedanken werden an zahlreichen Modellabbildungen erläutert.

Einleitung.

Wer Franz Reuleaux ganz verstehen und würdigen will, muß sich nicht allein mit dem technischen, sondern auch mit dem stark philosophischen Inhalt seiner Bücher und Schriften beschäftigen. Dabei tritt erst klar hervor, daß Reuleaux sich das sehr hohe Ziel gesetzt hatte, weit über den Rahmen der reinen Maschinentechnik hinaus auf allen naturwissenschaftlichen Gebieten kinematische, d. h. getriebliche Probleme aufzuzeigen und den Nutzen dieser Anschauung zu beweisen. Er betrachtet die Bewegung der Gestirne unter getrieblichen Gesichtspunkten, er widmet der Kinematik im Tierreich einen besonderen Abschnitt seines Buches und führt diesen Gedanken an zahlreichen Beispielen durch. Und wir finden an verschiedenen Stellen die Andeutung, daß sich auch die Elektrotechnik nach den Grundsätzen der Kinematik behandeln lasse.

Wenn es aber im letzteren Falle nur bei einer Andeutung geblieben ist, so war das nicht Reuleaux' Schuld. Denn die Elektrotechnik war erst in der Entwicklung begriffen, und mit dieser traten neue Anschauungen auf, die sich nicht ohne weiteres in Reuleaux' Systematik einfügen ließen.

Es ist aber Reuleaux' hervorragendes und bleibendes Verdienst, daß er als erster nicht allein die große Bedeutung der Getriebe als Bewegungsorganismen in allen technischen Anlagen erkannte, sondern daß er auch das Studium dieser Getriebe als einen wichtigen Zweig der Ingenieurausbildung empfahl.

Das war eine Anschauung, die nach jahrelanger unverständlicher Vernachlässigung sich erst in neuester Zeit wieder Bahn zu brechen beginnt und uns, seine alten Schüler, geradezu verpflichtet, das gesteckte hohe Ziel weiter zu verfolgen und dazu nunmehr auch neue Wege einzuschlagen unter Anwendung aller wissenschaftlichen Erkenntnisse, die uns seit Reuleaux geworden sind.

Wir stehen vor der Tatsache, daß elektrische Schaltungen und mecha=
nische Getriebe in vielen Fällen gegeneinander austauschbar sind, und
erkennen daraus, daß auch ein innerer Zusammenhang zwischen diesen
beiden Gebieten bestehen muß.

Durch diese Überlegung wurde ich vor etwa 20 Jahren veranlaßt,
einmal zu versuchen, ob sich nicht mit Hilfe der Reuleauxschen Systematik
der Getriebe auch eine Systematik der elektrischen Schaltungen, die bis=
lang vollständig fehlte, aufstellen ließe.

Fünf Jahre lang habe ich mich vergeblich damit bemüht und erst dann
Erfolge erzielt, als ich eigene Wege ging und aus dem Vergleich sehr vieler
elektrischer Schaltungen diejenigen ursprünglichen Schaltelemente heraus=
fand, durch deren Zusammenbau sich die verschiedenen Schaltungen mit
ihren charakteristischen Unterschieden ergaben.

So entstand im Laufe vieler Jahre eine Schaltungslehre, die sich schon
in ihren ersten Anfängen[1]) als außerordentlich fruchtbar zum Entwurf
neuer Schaltungen erwies und seitdem immer weiter ausgebildet wurde.
Es stellte sich dabei heraus, daß die für elektrische Schaltungen eingeführte
neue Systematik sich mit großem Vorteile auch auf mechanische Getriebe
anwenden ließ durch den Nachweis von Ähnlichkeiten auf beiden Gebieten.

Daraus ergab sich dann eine „Vergleichende Schalt= und Ge=
triebelehre", die alle Schaltungen und Getriebe unter einheitlichen
Gesichtspunkten behandelt, über welche ich heute zum erstenmal vorzu=
tragen die Ehre habe.

Die Anzahl aller Schaltungs= und Getriebemöglichkeiten ist nun so
ungeheuer groß, daß ich im Rahmen des heutigen Vortrags lediglich eine
beschränkte Auswahl treffen kann, die den organischen Aufbau der Schal=
tungen und Getriebe und ihre Ähnlichkeiten erkennen lassen soll. Durch
eine solche Systematik sind wir dann in den Stand gesetzt, nicht allein eine
große Anzahl neuer Getriebe zu finden, sondern auch alle vorhandenen
Möglichkeiten ganz plan= und zahlenmäßig festzustellen.

Dabei bin ich natürlich gezwungen, neue Begriffe einzuführen und
auch alte Begriffe zu erweitern und umzudeuten.

---

[1]) Siehe Zeitschrift für Fernmeldetechnik, Werk= und Gerätebau, Heft 9, 10, 11,
Jahrg. 1921, Heft 2, 3, 4, Jahrgang 1922, Heft 1 und 2, Jahrgang 1924.

Die Bewegungsformen.

An die Spitze meiner Ausführungen stelle ich eine Behauptung, die ich nicht beweisen kann, die aber durch die Erfahrung bereits bewiesen ist. Sie lautet:

„Alle uns bekannten Bewegungen lassen sich auf drei Grundformen zurückführen, auf eine Fließbewegung, eine Verschiebebewegung und eine Drehbewegung."

Die **Fließbewegung** wird durch eine immer im gleichen Richtungssinn wirkende Kraft erzeugt.

Die **Verschiebebewegung**, in die auch alle Schwingungsbewegungen einzubegreifen sind, wird durch zwei abwechselnd im entgegengesetzten Richtungssinn wirkende Kräfte hervorgebracht und

die **Drehbewegung** schließlich entsteht aus der folgezeitigen Wirkung mehrerer Kräfte von verschiedenem Richtungssinn.

Aus einer Kombination dieser Grundformen ergeben sich dann Fließverschiebung, Drehverschiebung usw.

Die getrieblichen Mittel.

Es ist der Zweck der Getriebe, diese Bewegungen zu ermöglichen mit Hilfe von **Leitungen** (Führungen und Lagerungen), sie in sich oder von einer Form in die andere umzuwandeln mit Hilfe von **Kopplungen** und schließlich sie einzuleiten oder aufzuhalten mit Hilfe von **Sperrungen**.

Sperren heißt festhalten, trennen, hindern, Koppeln oder Kuppeln aber verbinden, ist also immer das Gegenteil von Sperren.

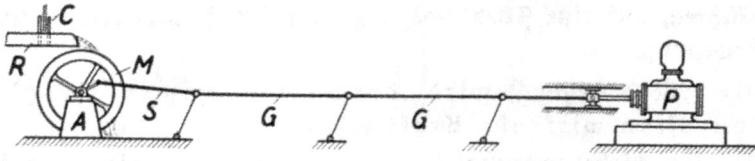

Abb. 1a.

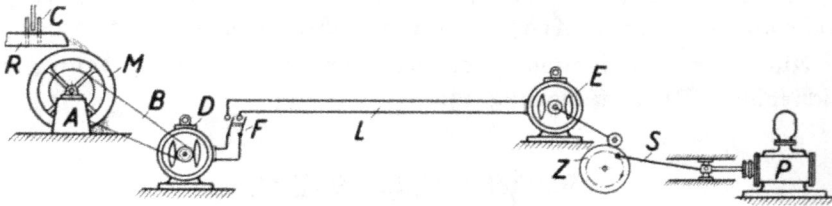

Abb. 1b.

Ein einfaches Beispiel mag das Gesagte ganz allgemein erläutern (Abb. 1).

Es sei die Aufgabe zu lösen, an einer bestimmten Stelle Wasser zu heben unter Ausnutzung der Energie einer entfernt liegenden Wasserkraft.

Dafür gibt es eine sehr große Zahl von Lösungsmöglichkeiten, von denen hier nur drei aufgeführt werden sollen.

In einer Wasserrinne R als Leitung (Abb. 1a) haben wir eine Fließbewegung. Diese wird durch die Schaufeln des Mühlrades M als Kopplung in eine Drehbewegung umgewandelt. Die Lagerung A des Mühlrades bedeutet die Leitung der Drehbewegung. Durch eine Schubstange S als Kopplung wird die Drehbewegung in die Verschiebebewegung eines geführten Gestänges G umgesetzt zum Antrieb einer Pumpe P, d. h. es wird aus der Verschiebebewegung wieder eine Fließbewegung des Wassers mit Hilfe der Pumpe als Kopplung erzeugt.

Jetzt sei die Übertragung zwischen Mühlrad und Pumpe elektrisch eingerichtet (Abb. 1b).

Die Drehbewegung des Mühlrades wird zwecks Erhöhung der Drehzahl durch Kopplung in die Fließbewegung eines Riemens B und diese wieder durch Kopplung in die Drehbewegung des Ankers der stromerzeugenden Maschine D umgewandelt. In dieser wird durch eine mechanisch-magnetische Kopplung eine elektrische Fließbewegung erzeugt, durch die Leitung L übertragen und im Elektromotor E wieder durch eine magnetisch-mechanische Kopplung in eine mechanische Drehbewegung zurückverwandelt. Eine Zahnradkopplung Z sorgt für Herabsetzung der Drehzahl und die Koppelstange S für die Umwandlung der Drehbewegung in die Verschiebebewegung des Kolbens der Pumpe P, durch die wieder die Fließbewegung des Wassers hervorgebracht wird.

Während in den in Abb. 1a dargestellten Getrieben nur 3 Kopplungen vorhanden sind, macht die Anordnung Abb. 1b 8 Kopplungen erforderlich.

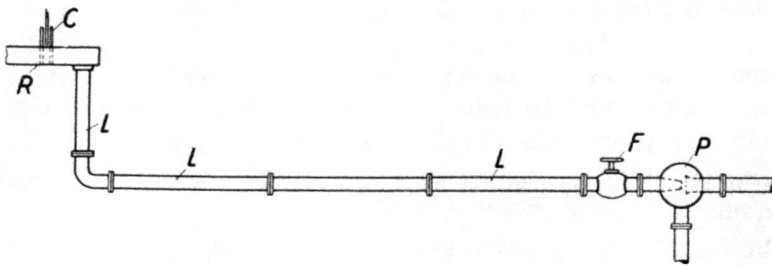

Abb. 1 c.

Abb. 1 c zeigt dagegen ein Flüssigkeitsgetriebe, bei welchem der Wasserstrom direkt bis zur Pumpe P, einer Wasserstrahlpumpe, durch eine Rohrleitung L geführt ist. Hier haben wir nur eine Kopplung, da die treibende Fließbewegung mit der anzutreibenden direkt gekoppelt ist.

Soll die Bewegung in einer der 3 Anordnungen an irgendeiner Stelle unterbrochen werden, so kann man das entweder durch Sperrung des Energiezuflusses, z. B. bei C oder bei F, erreichen oder durch Entkopplung.

Es ist nun der Zweck einer vergleichenden Schalt= und Getriebelehre, alle Möglichkeiten ausfindig zu machen, die zu irgendeiner Lösung der gestellten Aufgabe führen, und dabei sowohl alle Einzelgetriebe wie auch die aus ihrer Zusammenfügung sich ergebenden Anlagen zu bestimmen.

Die Schalt= und Getriebelehre befaßt sich daher nur mit kombina= torischen bzw. konstruktiven Maßnahmen.

Erst wenn alle Getriebemöglichkeiten gefunden sind, also die Getriebe als solche vorliegen, beginnt die Kritik, d. h. die Untersuchung an jedem Einzelgetriebe und den sich ergebenden Kombinationen mit allen bekannten Mitteln der wissenschaftlichen Mechanik, mit geometrischen und analytischen Methoden, um ganz bestimmte Bewegungen zu erhalten, um die Kräfte am und im Getriebe zu berechnen und um die beste Wirkung und den höchsten Wirkungsgrad zu erreichen und danach das für die gegebenen Verhältnisse geeignetste Getriebe auszusuchen.

Wir haben in den drei verschiedenen Bewegungsformen und in den da= für erforderlichen getrieblichen Mitteln, die durch Leitungen, Kopplungen und Sperrungen gegeben sind, neue Begriffe kennen gelernt, deren Nütz= lichkeit wir zunächst in ihrer Anwendung auf elektrische Stromkreise zeigen wollen.

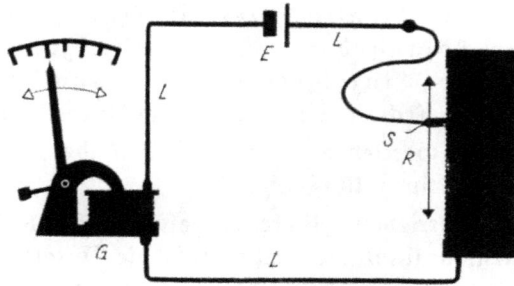

Abb. 2. Modell.

Die drei Grundformen elektrischer Leitungskreise.

In Abb. 2 (Modell)[1] ist ein **einfacher Leitungskreis** dargestellt, in welchem eine Stromquelle E, ein veränderlicher Widerstand R mit Gleitkontakt S und ein Empfangsgerät G durch eine Leitung L miteinander verbunden sind. Die Stromquelle E stellt eine Kopplung dar, durch welche chemische Energie in elektrische umgewandelt wird. Der Widerstandsregler R ist eine Sperrung und das Gerät G eine Kopplung, um die elektrische Bewegung durch magnetische Beeinflussung eines in einer Spule beweglichen Eisenkernes wieder in eine mechanische umzuwandeln. In diesem Kreise kann nur ein an und abschwellender Strom, ein „**Schwellstrom**", fließen, der durch den veränderlichen Widerstand R beeinflußt wird. Dabei wird durch Verschieben des Gleitkontaktes S, d. h. durch eine mechanische Verschiebebewegung innerhalb des Leitungskreises eine Größenänderung der vorhandenen elektrischen Fließbewegung hervorgerufen, durch ein elektromagnetisches Gerät G angezeigt und dadurch wieder in eine mechanische Verschiebebewegung umgewandelt.

Der bewegliche Widerstand R ist also ein Sender und das Gerät G ein Empfänger zur Übertragung eines Zeichens oder einer Bewegung.

---

[1] Die durch das in Klammern der Abbildungsnummer hinzugefügte Wort „Modell" gekennzeichneten Abbildungen stellen die Projektionen wirklich beweglicher Modelle im Größenausmaß 9×18 cm bzw. 9×9 cm dar, die mittels der Projektionslampe im Hörsaal vorgeführt werden können. Sämtliche Modelle sind in der Werkstatt des Lehrstuhls für Fernmeldetechnik und Werk und Gerätebau der Feinmechanik der Technischen Hochschule zu Charlottenburg hergestellt.

Da es nicht einfach ist, die an den Modellen während des Vortrages ohne weiteres erkennbaren Bewegungsvorgänge nunmehr auch in den unbeweglichen Abbildungen dieser Schrift verständlich zu machen, so sollen in allen Modellabbildungen einheitlich die ursächlichen Bewegungen (Antriebe) allemal durch Pfeile mit schwarzer Pfeilspitze, die daraus entstehenden Bewegungen (Abtriebe) dagegen durch Pfeile mit offener Pfeilspitze angedeutet werden. Also:

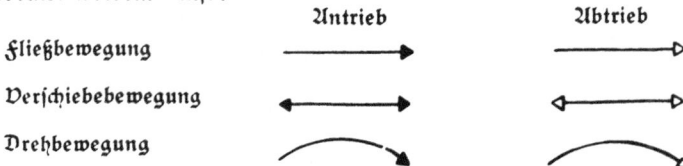

	Antrieb	Abtrieb
Fließbewegung	⟶	⟶
Verschiebebewegung	⟷	⟷
Drehbewegung	⤳	⤳

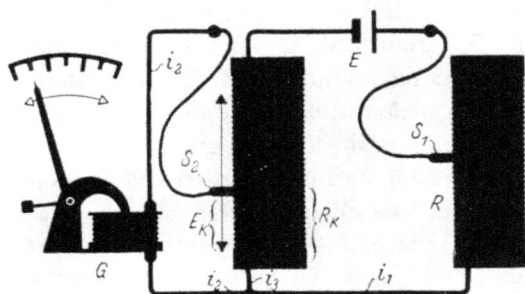

Abb. 3. Modell.

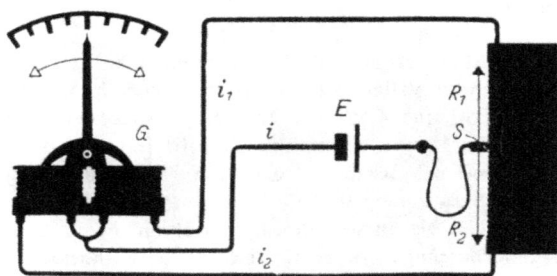

Abb. 4. Modell.

In Abb. 3 (Modell) ist der soeben behandelte einfache Leitungskreis durch eine mit dem Schieber S_2 veränderliche Abzweigung R_k erweitert. Diese stellt eine Kopplung dar zwischen zwei Kreisen, dem die Stromquelle E enthaltenden und dem Kreise, in dem sich das eigentliche Empfangsgerät G befindet. Durch die Stromverzweigung $i_3 = i_1 - i_2$ entsteht an R_k eine Spannung $E_k = R_k \cdot i_3$, die maßgebend für den Strom i_2 ist. Macht man durch den Schieber S_2 den Widerstand $R_k = 0$, so wird auch $E_k = 0$, und das Empfangsgerät ist kurzgeschlossen, d. h. entkoppelt.

Wir haben also durch die veränderliche Kopplung (Nebenschluß) eine Spannungsänderung erreicht, während wir durch die Sperrung in Abb. 2 eine Stromänderung erzielten.

Sperrung und Kopplung stehen also in einem reziproken Verhältnis. Dieser Leitungskreis heißt ein **„verzweigter Leitungskreis"**.

In dem gleichen Leitungskreise, der durch Abb. 4 (Modell) dargestellt ist, befindet sich nun ein neues Empfangsgerät, das gleichzeitig durch zwei Ströme i_1 und i_2 beeinflußt wird, und zwar durch die Differenz der beiden Ströme zur Wirkung kommt. In diesem **„Gegenstromgerät"**, das mit zwei Spulen versehen ist, wirken also zwei Kräfte in entgegengesetztem Sinne, den mechanischen Teil des Geräts zu bewegen.

Durch den Schieber S werden die beiden Widerstände R_1 und R_2 gleichzeitig im entgegengesetzten Sinne beeinflußt (Stromverteilerwiderstand) und damit das Verhältnis der Ströme i_1 und i_2 geändert. Sind die beiden Ströme gleich groß, so heben sich die Wirkungen im Empfangsgerät auf. Wir haben dann also eine Stromkompensation.

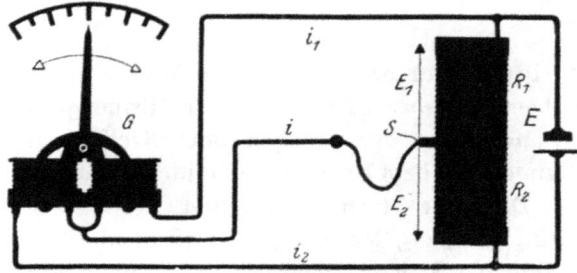

Abb. 5. Modell.

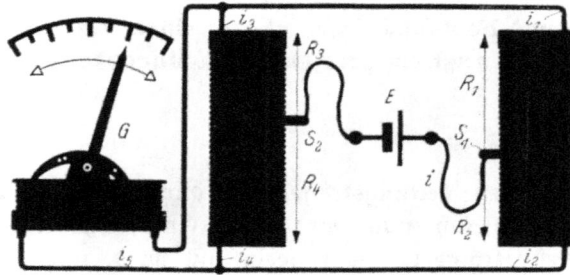

Abb. 6. Modell.

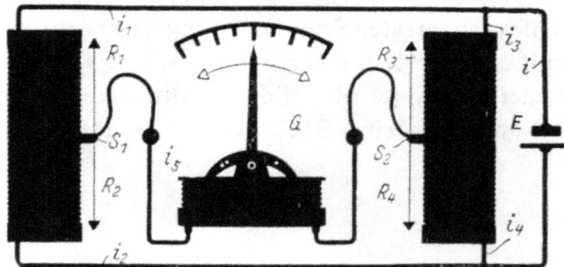

Abb. 7. Modell.

Die Abb. 5 unterscheidet sich in gleicher Weise von Abb. 4 wie vorhin Abb. 3 von Abb. 2. Es ist eine Kopplung eingebaut. Durch Änderung der Widerstände R_1 und R_2 mit Hilfe des Schiebers S (Spannungsverteilerwiderstand) wird das Verhältnis der Spannungen E_1 und E_2 geändert und damit der Unterschied der Ströme i_1 und i_2.

Dieser Leitungskreis hat aber noch andere wertvolle Eigenschaften, die aus Abb. 6 hervorgehen. Es ist nämlich die bekannte Wheatstonesche Brücke. Wir wissen, daß beim Verhältnis der Widerstände $\frac{R_1}{R_2} = \frac{R_3}{R_4}$, das sich durch die Schieber S_1 und S_2 einstellen läßt, die Spannungen gegeneinander ausgeglichen sind (Spannungskompensation) und daher der Brückenzweig, das ist hier der das Empfangsgerät G enthaltende Leitungskreis i_5 stromlos wird. Wir wissen aber auch, daß wir durch Auf- und Abwärtsschieben der Schieber S_1 und S_2 im Kreise i_5 einen Strom hin- und hergehender Richtung erhalten, einen Wendestrom, der durch ein Gerät mit gepoltem Magneten angezeigt wird, das wir **Wendestromgerät** nennen wollen. Der Leitungskreis heißt **Brückenkreis** bzw. **Ausgleich- und Wendestromkreis**.

Und schließlich finden wir in Abb. 7 die gleiche Anordnung, nur mit einer Vertauschung von Stromquelle E und Gerät G. Meßtechnisch würde die Wirkung dieselbe bleiben wie in Abb. 6. Schaltungstechnisch dagegen erkennt man, daß in Abb. 6 mit den Schiebern S_1 und S_2 Stromverhältnisse eingestellt werden, in Abb. 7 aber Spannungsverhältnisse.

Die bislang behandelten sechs Grundschaltungen sind nun maßgebend für alle in der gesamten Elektrotechnik vorkommenden Schaltungen, weil sich mit den hier angewandten Schaltmitteln Stromkreise beliebiger Art herstellen lassen.

2

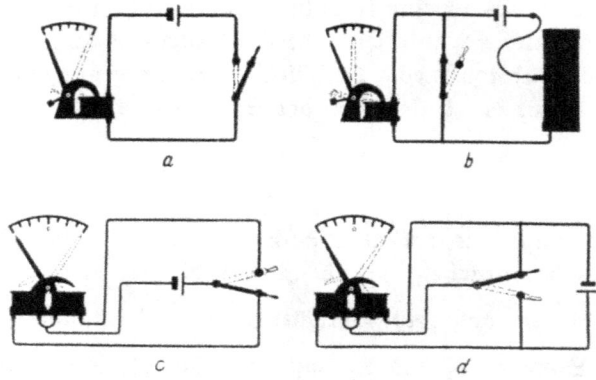

Abb. 8.

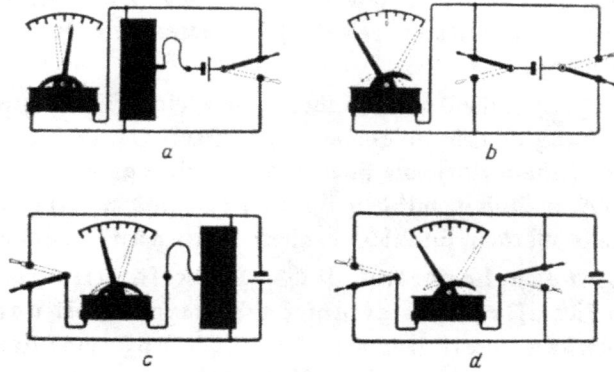

Abb. 9.

Wir können nunmehr in den vorgeführten Modellen sämtliche Wider=
stände durch Schalter ersetzen, die nur eine Widerstandsänderung zwischen
0 und ∞ möglich machen, und zwar ersetzen wir den einfachen Widerstand
durch den gewöhnlichen **Schalter** (s. Abb. 8 a und b), den Verteiler=
widerstand, also zwei Widerstände, durch einen **Umschalter** (s. Abb. 8 c
und d bzw. Abb. 9 a und c) und den Brückenwiderstand, also vier Wider=
stände, durch einen doppelpoligen Umschalter (s. Abb. 9 b und Abb. 9 d),
den wir als **Wendeschalter** bezeichnen wollen.

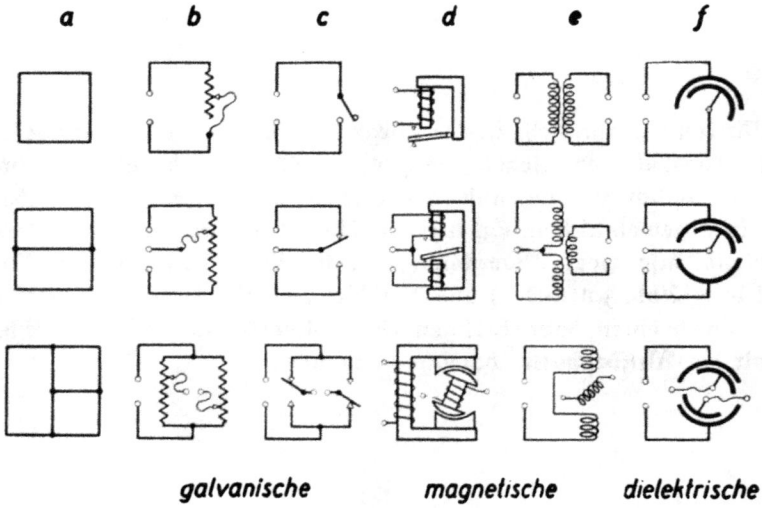

Abb. 10.

Die elektrischen Schaltmittel.

Somit haben wir nun in diesen Grundschaltungen folgende Schalt=
mittel kennengelernt (Abb. 10):

a) drei galvanische Leitungskreise:

1. den einfachen Kreis (K_s)[1],
2. den verzweigten Kreis (K_g),
3. den Brückenkreis (K_w).

b) drei Widerstände fest oder veränderlich, als galvanische Sperrungen
und Kopplungen verwendbar:

1. den einfachen Widerstand (S_s),
2. den Verteilerwiderstand (S_g),
3. den Brückenwiderstand (S_w).

Man kann jetzt die Widerstände durch Schalter ersetzen, die nur eine
Widerstandsänderung zwischen 0 und ∞ zulassen und erhält:

c) drei Schalter als galvanische Sperrungen und Kopplungen ver=
wendbar:

1. den einfachen Schalter (S_s),
2. den Umschalter (S_g),
3. den Wendeschalter (doppelpoliger Umschalter mit Stromwendung)
(S_w);

d) drei elektromagnetische Geräte als bewegliche magnetische Kopp=
lungen und Sperrungen zwischen Stromkreisen und mechanischen
Getrieben verwendbar:

1. Schwellstromgerät (G_s),
2. Gegenstromgerät (G_g),
3. Wendestromgerät (G_w);

e) drei elektromagnetische Geräte als feste oder bewegliche magnetische
Kopplungen zwischen Stromkreisen oder als Sperrungen innerhalb
der Stromkreise verwendbar:

1. Schwellstromgerät (G_s),
2. Gegenstromgerät (G_g),
3. Wendestromgerät (G_w).

---

[1] Die in Klammern beigefügten Symbole finden später (siehe Abb. 11) Anwendung.

Lfd. Nr.	Art der Schaltung	Schaltbild	Bemerkungen
1	$K_s\,G_s\,S_s$		Stromschließung oder Unterbrechung
2	$K_g\,G_s\,S_s$	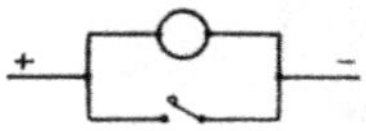	Kurzschließung oder Öffnung
3	$K_g\,G_s\,S_g$	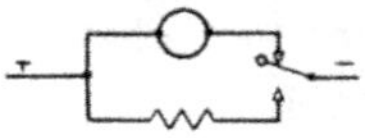	Umschaltung auf Gerät oder auf Widerstand
4	$K_g\,G_g\,S_s$	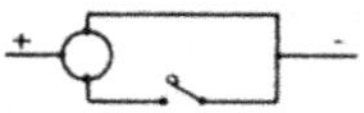	Strom in einer oder beiden Gegenspulen
5	$K_g\,G_g\,S_g$		Umschaltung auf die eine oder andere Gegenspule
6	$K_w\,G_s\,S_s$	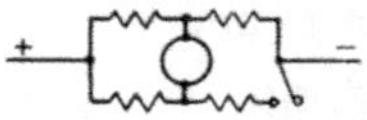	Strom im Mittelzweig oder Brückenausgleich
7	$K_w\,G_s\,S_g$	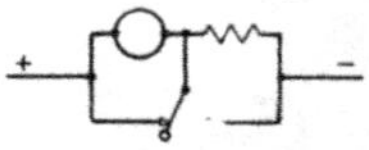	Gerät oder Widerstand kurzgeschlossen
8	$K_w\,G_s\,S_w$	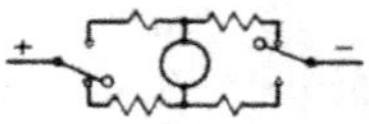	Gerät mit verschiedenen Widerständen
9	$K_w\,G_g\,S_s$	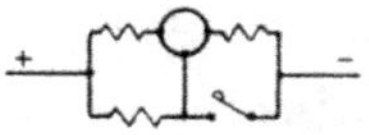	Ausschlag rechts oder links durch Wirkung und Gegenwirkung beider Gegenspulen des Gerätes
10	$K_w\,G_g\,S_g$	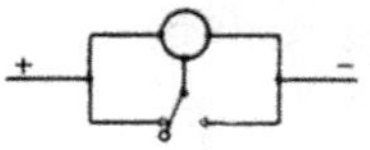	
11	$K_w\,G_g\,S_w$	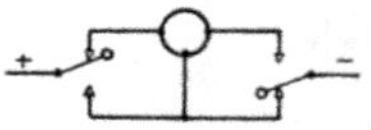	
12	$K_w\,G_w\,S_s$		Ausschlag rechts oder links durch Stromumkehr im Gerät
13	$K_w\,G_w\,S_g$	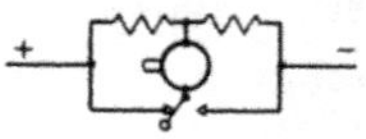	
14	$K_w\,G_w\,S_w$	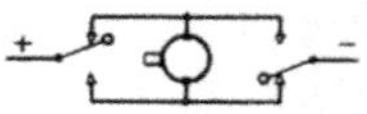	

Abb. 11.

Man könnte bei gegebenen Verhältnissen die elektromagnetischen Geräte auch durch elektrostatische ersetzen und erhält dann:

f) drei elektrostatische Geräte als feste oder bewegliche dielektrische Kopplungen und Sperrungen sowohl zwischen Stromkreisen und mechanischen Getrieben als auch innerhalb der Stromkreise verwendbar:
1. Schwellspannungsgerät (G_s),
2. Gegenspannungsgerät G_g),
3. Wendespannungsgerät G_w).

Die unterschiedlichen physikalischen Wirkungen dieser verschiedenen Kopplungs= und Sperrungsmittel werden wir noch später kennenlernen.

Elektrische Übertragung von Verschiebebewegungen.

Mit Hilfe nur weniger dieser Schaltmittel lassen sich nun schon eine sehr große Anzahl von Schaltaufgaben lösen.

Es sei z. B. die Aufgabe gestellt, mit Hilfe eines Schalters eine Ver= schiebebewegung zu übertragen oder, was in diesem Falle dasselbe bedeutet, ein Gerät ein= und auszuschalten, so haben wir drei Leitungskreise mit drei Schaltern und drei Geräten zu kombinieren. Das gibt $3 \times 3 \times 3 = 27$ Kombinationen; von diesen sind aber nur 14 ausführbar, weil sich der Um= schalter und Wendeschalter und ebenso das Gegenstromgerät wie Wende= stromgerät nicht im einfachen Stromkreise verwenden lassen usw.

In Abb. 11 sind alle ausführbaren Möglichkeiten zusammengestellt, unter denen man sich dann diejenigen auszusuchen hat, die für die gerade gegebenen Verhältnisse am besten geeignet sind. Dazu sind natürlich physi= kalisch=mathematische Untersuchungen notwendig.

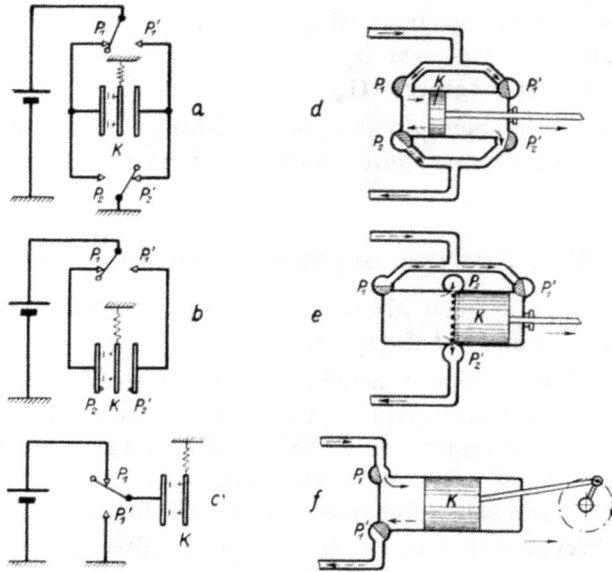

Abb. 12.

In den Abb. 12 a—c sind drei verschiedene Anordnungen dargestellt, bei welchen statt der elektromagnetischen elektrostatische Geräte verwendet wurden. Es sei hier die Aufgabe, eine bewegliche Kondensatorplatte K in eine hin- und hergehende, also Verschiebebewegung zu bringen, durch Ladung und Entladung von Kondensatoren.

In Abb. 12 a ist die bewegliche Platte zwischen zwei anderen aufgehängt (Gegenspannungsgerät) und wird durch Umschalten der Ladespannung betätigt in einem Brückenleitungskreise. In Abb. 12 b wird der untere Umschalter zwischen den Kontakten P_2 und P_2' von der beweglichen Platte selbst betätigt. Und schließlich ist in Abb. 12 c ein einfaches Gerät mit nur zwei Platten (Schwellspannungsgerät) mit Umschalter zum Laden und Entladen mit einem verzweigten Leitungskreise dargestellt.

Daneben sehen wir drei bekannte Dampfmaschinentypen mit Drehschiebersteuerung, deren Aufbau und Wirkungsweise ganz ähnlich ist. Abb. 12 d zeigt die doppeltwirkende Dampfmaschine, deren Leitungsverlauf den Brückenkreis sofort erkennen läßt. Zylinder nebst Kolben stellen auch einen Doppelkondensator mit beweglicher Platte dar, also ein Gegenspannungsgerät. Die Bewegungen sind nur umgekehrt, da im Kondensator Zugkräfte, im Dampfzylinder Druckkräfte auftreten. Die nächste Abb. 12 e zeigt die Stumpfsche Gleichstrom-Dampfmaschine, bei welcher die Auslässe P_2 P_2' aus beiden Zylinderseiten durch den Kolben selbst gesteuert werden, wie im beweglichen Kondensator der Abb. 12 b. Und schließlich zeigt Abb. 12 f die einfach wirkende Dampfmaschine im Vergleich zum einfachen Kondensator der Abb. 12 c.

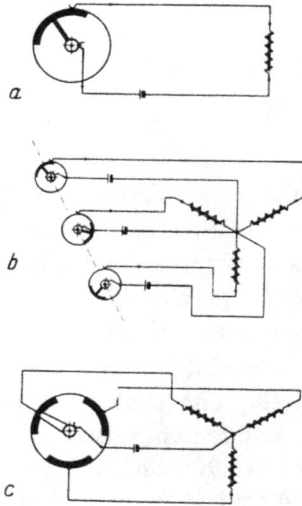

Abb. 13.

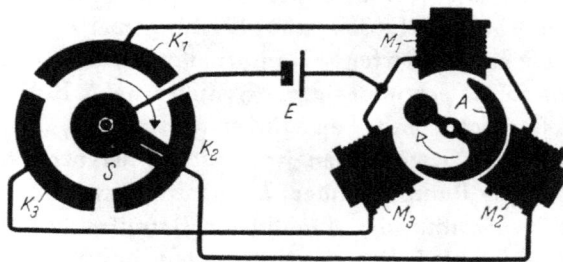

Abb. 14. Modell.

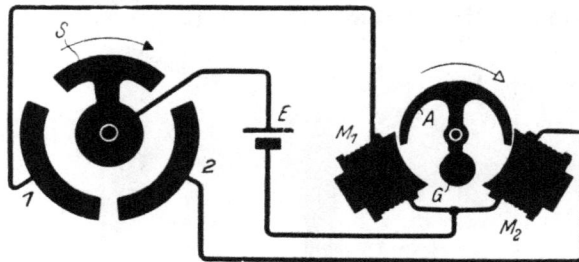

Abb. 15. Modell.

Elektrische Übertragung von Drehbewegungen.

Um eine vollständige Drehung eines Körpers nach beiden Dreh=
richtungen hin zu bewirken, brauchen wir wenigstens drei in der Rich=
tung um 120° gegeneinander verschobene Kräfte, die nacheinander wirksam
sind. Diese Kräfteanordnung läßt sich mit Hilfe der sechs Grundschaltungen
(Abb. 2—7) auf folgende Weise herstellen. In Abb. 13 a ist der einfache
Schwellstromkreis gezeichnet, der Schalter ist als rotierender Stromschließer
ausgebildet. Darunter (Abb. 13 b) sind drei solcher Stromkreise kombiniert,
die drei Schalter sitzen auf gemeinsamer Drehachse, aber je um 120° versetzt,
die Empfangsmagnete sind ebenfalls um 120° versetzt. In der letzten Dar=
stellung (Abb. 13 c) ist eine gemeinsame Stromquelle eingeführt und da=
durch ein bekanntes Übertragungssystem geschaffen, das mit an= und
abschwellenden Magnetfeldern arbeitet.

Abb. 14 (Modell) zeigt das ausgeführte Modell mit vier Leitungen.
Jede Drehrichtung ist dabei möglich.

Man kann nun einen der Magnete durch eine Hilfskraft (Hilfsphase)
ersetzen, und zwar durch Schwerkraft, Federkraft oder besonderen Magneten.
Dann entsteht die in Abb. 15 (Modell) dargestellte bekannte Vorrichtung,
bei welcher der Anker durch Schwerkraft (Gewicht G) eine Raststellung
erhält. Auch hierbei ist jede Drehrichtung ermöglicht.

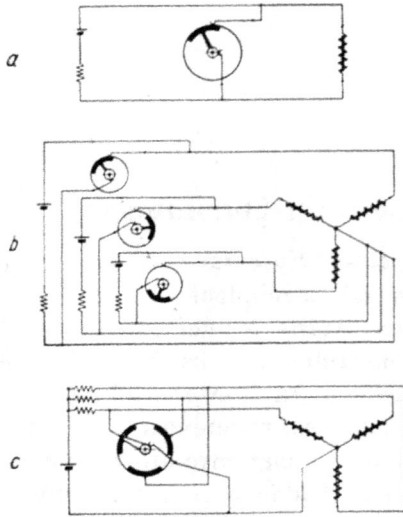

Abb. 16.

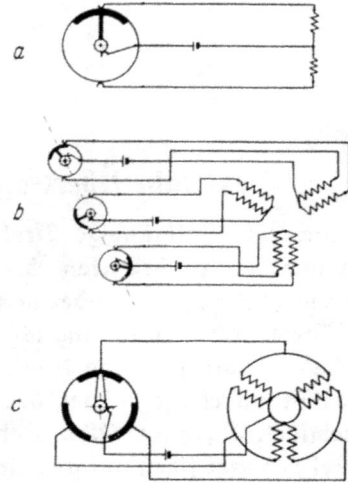

Abb. 17.

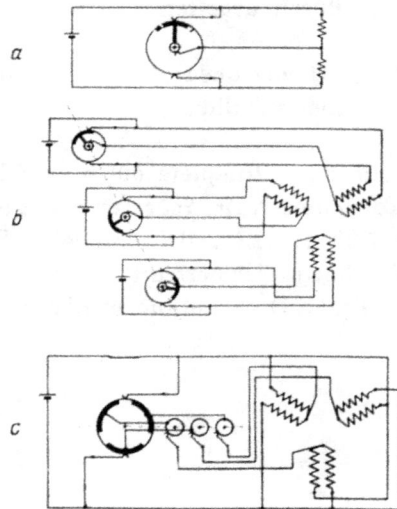

Abb. 18.

Abb. 16 läßt erkennen, wie man mit Hilfe des Kurzschlusses einer Spule durch einen drehbaren Kontakt in dreifacher Ausführung eine Drehbewegung übertragen kann.

Abb. 17 und Abb. 18 zeigen die Anwendung des Umschalters und des Gegenstromgerätes in derselben Weise. Hierbei wird ohne Stromumkehr der magnetische Fluß in den Gegenspulen umgekehrt und ein vollständiges Drehfeld erzeugt.

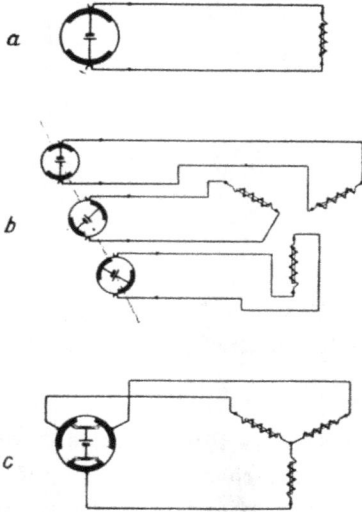

Abb. 19.

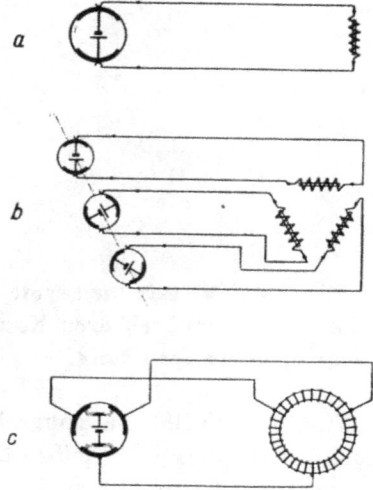

Abb. 20.

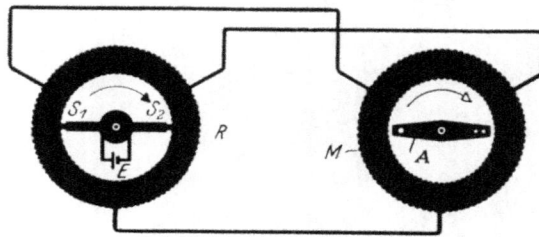

Abb. 21.

Aus den Abb. 19 und 20 ersieht man schließlich die Anwendung des Wendeschalters (Kommutators) in Verbindung mit einem Wendestromgerät in Stern= und Dreieckschaltung.

Abb. 21 (Modell) zeigt die Ausführung von Abb. 20, wobei jedoch der einfache Wendeschalter zur Erzielung möglichst kleiner Drehwinkel durch einen Widerstandsring (drehbare Brückenkopplung) ersetzt ist. Die Stromquelle E ist mit den Schleifbürsten S_1 und S_2 drehbar innerhalb des Widerstandsringes R angeordnet und erzeugt in den drei Verbindungsleitungen phasenverschobene Wendeströme. Durch diese wird im Empfänger M ein magnetisches Drehfeld hervorgebracht, das einen gepolten Anker A in mechanische Drehung versetzt.

Wir haben hier also ohne weiteres sechs grundlegende Übertragungsverfahren, von denen drei bislang unbekannt gewesen sind.

Es lassen sich aber aus diesen Grundverfahren durch Abwandlungen noch eine große Zahl besonderer Ausführungen für Wechselstromanwendung herstellen, indem man andere physikalische Kopplungen gemäß Abb. 10 wählt.

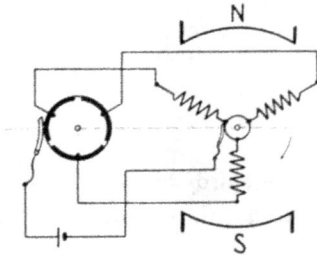

Abb. 22.

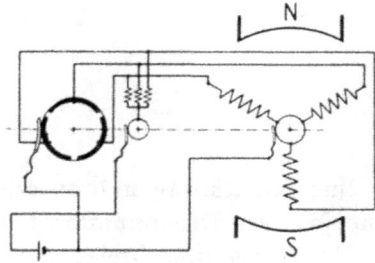

Abb. 23.

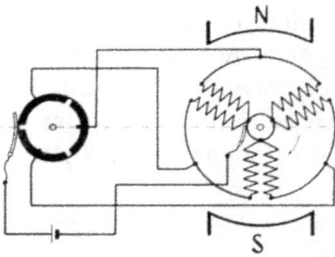

Abb. 24.

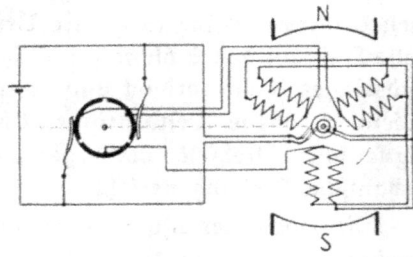

Abb. 25.

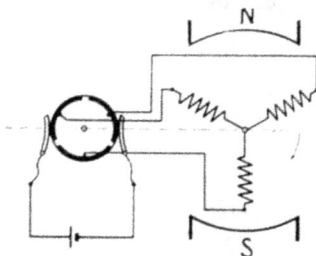

Abb. 26.

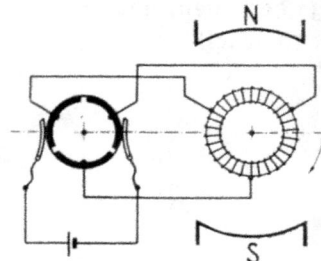

Abb. 27.

Entstehung der Gleichstromelektromotoren.

Wenn wir bei vorstehenden sechs Verfahren zur Übertragung von Drehbewegungen die rotierenden Bürsten mit dem rotierenden (hier nicht gezeichneten) Magneten oder umgekehrt bei feststehenden Bürsten und feststehenden Magneten die rotierenden Stromschlußstücke mit den rotierenden Wickelungen auf gemeinsame Drehwelle setzen, so erhalten wir sechs Typen von Elektromotoren, die in den Abb. 22—27 dargestellt und wohl ohne weiteres verständlich sind. Natürlich wird man die Anzahl der Stromschlußstücke (Kommutatorsegmente) und demgemäß die Anzahl der Verbindungsleitungen, deren Zahl bei Übertragungsverfahren (Abb. 13 bis 21) möglichst niedrig zu halten ist, beliebig erhöhen können.

Von den sechs dargestellten Typen dürften drei neu sein. Ob es vorteilhaft ist, sie auszuführen, ist eine andere Frage, die hier nicht zu prüfen ist. Die Zahl der Ausführungen wächst mit Hilfe von Abwandlungen, die wir später noch kennenlernen werden.

$e_R = i R$

EMK

i

$e_L = L \cdot \dfrac{di}{dt}$

EMK

$e_C = \dfrac{q}{C} = \dfrac{\int i\,dt}{C}$

EMK

$v_R = \omega R$

R

$D_\theta = \Theta \cdot \dfrac{d\omega}{dt}$

θ

$D_\Lambda = \dfrac{\alpha}{\Lambda} = \dfrac{\int \omega\,dt}{\Lambda}$

α

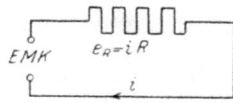

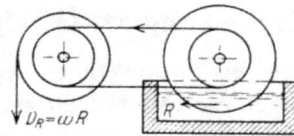

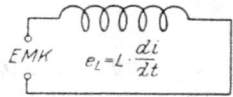

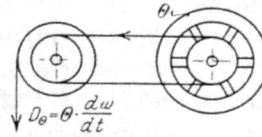

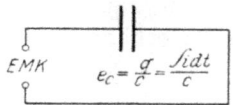

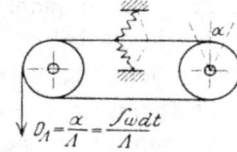

Elektrische Gesperre   Mechanische Gesperre

Abb. 28.

Kopplungen und Sperrungen.

Es ist nun sehr wichtig, sich über den Anwendbarkeitsbereich der elektrischen Kopplungen und Sperrungen klar zu sein und ihre Ähnlichkeit mit mechanischen Kopplungen und Sperrungen festzustellen.

In Abb. 28 sehen wir oben links einen Stromkreis mit galvanischem Gesperre, d. h. einen Widerstand mit dem Widerstandskoeffizienten R, an dessen Enden durch den Strom i eine Gegenspannung auftritt von der Größe

$$e_r = i \cdot R \,.$$

Das Bild darunter zeigt eine Drosselspule mit dem Induktions=koeffizienten L als magnetisches Gesperre mit der Gegenspannung

$$e_L = L \frac{di}{dt} \,,$$

d. h. die Gegenspannung tritt nur bei Stromänderungen auf, ist dagegen bei konstanter Stromstärke, also bei unveränderlichem Gleichstrom gleich Null.

Und schließlich läßt das letzte Bild einen Kondensator von der Kapazität C als dielektrisches Gesperre erkennen, dessen Gegenspannung

$$e_C = \frac{\int i \, dt}{C}$$

abhängig ist von seinem Ladezustand, also für unveränderlichen Gleich=strom eine vollständige Absperrung bedeutet, für veränderliche Ströme dagegen nicht.

Daneben sind drei mechanische Anordnungen gezeichnet, aus welchen die Ähnlichkeit der Vorgänge zu ersehen ist.

Das obere Bild stellt eine in eine Flüssigkeit tauchende Scheibe dar. Ist R der Reibungskoeffizient, so ergibt sich eine Drehkraft

$$D_R = \omega R,$$

welche also abhängig ist von der Winkelgeschwindigkeit ω und Reibung R.

Das Bild darunter zeigt eine Schwungscheibe vom Trägheitsmoment Θ. Um sie in Drehung zu versetzen, ist eine Drehkraft erforderlich von der Größe

$$D_\Theta = \Theta \frac{d\omega}{dt} \,.$$

Und schließlich zeigt das letzte Bild die Anordnung einer Feder, welche die Bewegung eines Seiles nur innerhalb gewisser Grenzen zuläßt. Bezeichnet Λ den durch die Drehkrafteinheit erzeugten Drehwinkel, so ist die Drehkraft, welche den Drehwinkel α hervorbringt

$$D_\Lambda = \frac{\alpha}{\Lambda} = \frac{\int \omega \, dt}{\Lambda}$$

3*

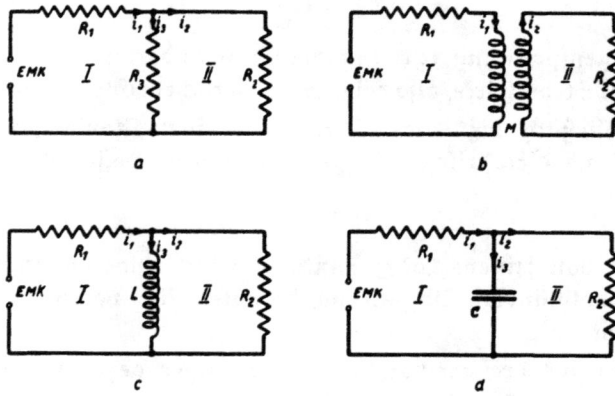

Abb. 29.

Es würden also einander entsprechen:

Widerstand R und Reibungskoeffizient R,
Induktionskoeffizient L und Trägheitsmoment Θ,
Kapazität C und Verlängerungsfähigkeit Λ,
Spannung e und Drehkraft D,
Strom i und Geschwindigkeit ω.

Diese Ähnlichkeiten sind schon seit 40 Jahren bekannt. Aber nur wenige haben daraus die Folgerung zur Schaffung neuer Anordnungen gezogen.

Die vorstehenden Gesperre lassen sich nun wieder als Kopplungen verwenden in den uns schon aus den Grundstromkreisen her bekannten Anordnungen, die in Abb. 29 nochmals für den einfachsten Fall dargestellt sind.

Wir sehen daher unter a eine Widerstandskopplung oder galvanische Kopplung, unter b eine magnetische Kopplung (Transformator), unter c eine kombinierte Widerstands= und magnetische Kopplung (Drosselspule) und schließlich unter d eine kapazitive oder dielektrische Kopplung.

Es ist das kennzeichnende Merkmal aller Kopplungen, daß sie die Übertragung der Energie von einem System zu einem anderen vermitteln und daß sie daher auch durch die Vorgänge aus beiden Systemen, d. h. durch Wirkung und Gegenwirkung beeinflußt werden.

Hiernach können wir uns nunmehr wieder den reinen Bewegungserscheinungen widmen.

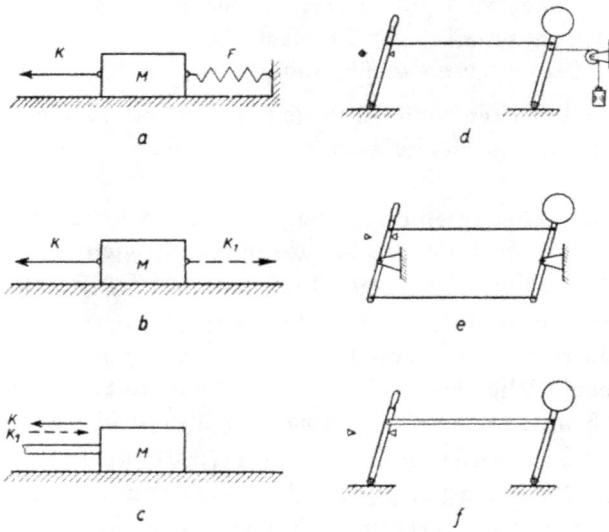

Abb. 30.

Entstehung von Verschiebebewegungen.

Wir wollen einmal ganz allgemein die Frage erörtern, wie eine Verschiebebewegung zustande kommt, und zwar an Hand der Abb. 30a—c, welche die Darstellung von drei verschiedenen Verfahren wiedergibt:

a) **Schwellkraftanordnung** (Abb. 30a). Ein Körper M wird durch eine nach links gerichtete Zugkraft K bewegt und gleichzeitig eine Feder F gespannt. Die Feder stellt also einen Energiespeicher dar und bewegt den Körper nach Aufhören der Wirkung der Kraft K in seine ursprüngliche Lage zurück. Die Feder kann natürlich auch durch Schwerkraft oder durch die Schwungkraft eines Rades mit Kurbel ersetzt werden.

b) **Gegenkraftanordnung** (Abb. 30 b). Eine Zugkraft K bewegt den Körper M nach links und eine zweite K_1 später wieder nach rechts zurück.

In beiden vorstehenden Fällen können natürlich alle Kräfte auch Druckkräfte sein.

c) **Wendekraftanordnung** (Abb. 30 c). Der Körper wird nur einseitig durch eine Zugkraft K nach links und dann infolge Wendung der Kraftrichtung durch eine Druckkraft K_1 nach rechts wieder in seine ursprüngliche Lage zurückgeführt. Hierbei kann natürlich die Wendung der Kraftrichtung nur nach einem der beiden Verfahren a) oder b) hervorgebracht werden.

So selbstverständlich diese drei Verfahren sich ergeben, so sind doch diese einfachen Erkenntnisse noch niemals irgendwo im Zusammenhang ausgesprochen, und daher wird noch dauernd dagegen verstoßen.

Eine einfache Anwendung dieser drei Verfahren haben wir in den Abb. 30 (d—f). Es wird ein Eisenbahnsignal verstellt d) einseitig durch einen Drahtzug mit Schwellkraft, e) zweiseitig durch Zug und Gegenzug (Gegenkraft) und f) einseitig durch eine Stange mit Zug und Druck (Wendekraft).

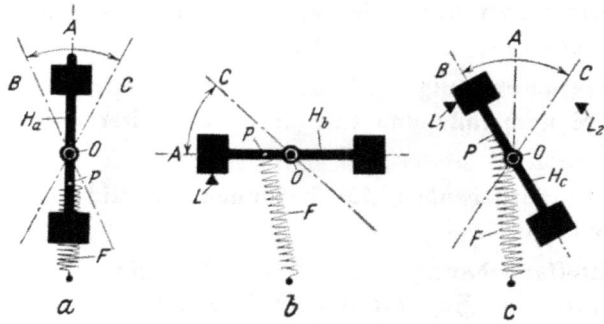

Abb. 31.

Die Rasthebel. Es ist sehr häufig erforderlich, die zu verschiebenden Körper immer wieder in bestimmte Ruhelagen (Rastlagen) zurückkehren zu lassen. Dieses läßt sich nur unter Zuhilfenahme elastischer Kräfte, also durch Federn, Schwerkraft, Magnetkräfte und dielektrische Kräfte erreichen, und zwar wieder auf drei verschiedene Arten, die wie folgt gekennzeichnet sind:

a) **Der Schwinghebel** (Abb. 31 a Modell). Der in O gelagerte, an den Enden mit Massen versehene doppelarmige Hebel H_a wird durch eine unterhalb des Drehpunktes O bei P angreifende Feder F in der Ruhelage A festgehalten, kann sich aber nach beiden Seiten B und C bewegen (schwingen) und dazu angeregt werden durch einseitig angreifende Druck= oder Zugkräfte (Schwellkräfte), durch doppelseitig angreifende Druck= oder Zugkräfte (Gegenkräfte) und schließlich durch einseitig angreifende Zug= und Druckkräfte (Wendekräfte).

b) **Der Schlaghebel** H_b (Abb. 31 b Modell) ergibt sich, wenn wir den Schwinghebel einseitig, z. B. nach Drehung um 90° bei L auf einem Lager aufliegen lassen. Er kann dann nur einseitig in Richtung A C durch Schwellkräfte bewegt werden und schlägt nach Aufhören der äußeren Kräftewirkung infolge der Federkraft F bei L auf.

c) **Der Kipphebel** H_c (Abb. 31 c Modell) entsteht durch weitere Drehung des Hebels, bis er in Lage A im labilen Gleichgewicht ist. Hierbei liegt der Angriffspunkt P der Feder F oberhalb des Drehpunktes O. Der Hebel wird daher entweder nach links umkippen bis zur Endlage B oder nach rechts bis zur Endlage C. Um den Kipphebel aber von einer Endlage in die andere und umgekehrt zu bewegen, sind entweder Gegenkräfte oder Wendekräfte erforderlich.

Wollen wir nun ständige Verschiebebewegungen erzeugen, zu denen auch alle Schwingungsbewegungen gehören, so haben wir die nach den erwähnten drei Verfahren erforderlichen Kräfte mit dem Körper zu verbinden, also zu koppeln und wieder loszulösen, also zu entkoppeln bzw. zu sperren und die Bewegungen richtig zu leiten.

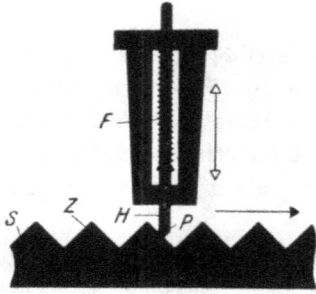

Abb. 32. Modell.

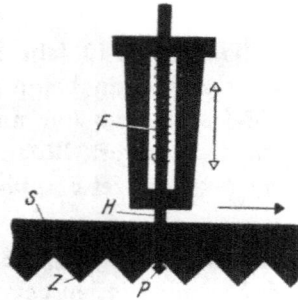

Abb. 33. Modell.

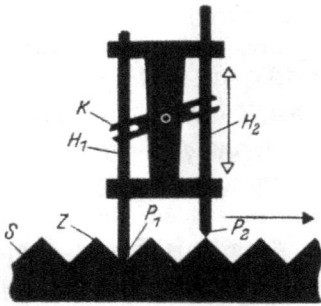

Abb. 34. Modell.

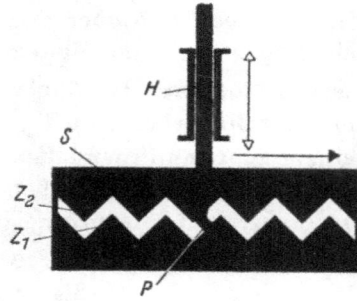

Abb. 35. Modell.

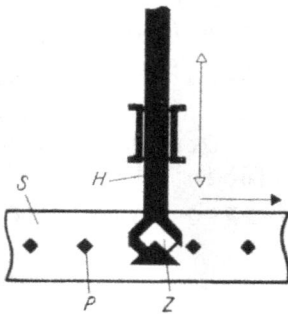

Abb. 36. Modell.

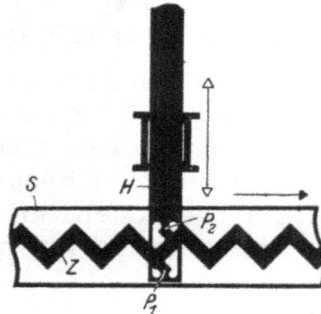

Abb. 37. Modell.

Erzeugung von Verschiebebewegungen aus Fließ- und Drehbewegungen.

Als erstes Beispiel sei die Aufgabe zu lösen, aus einer mechanischen Fließbewegung (Bewegung in gleichem Richtungssinn) eine Verschiebebewegung abzuleiten.

In Abb. 32 (Modell) ist eine Stange S mit Zähnen Z dargestellt, durch deren einseitige Horizontalbewegung von links nach rechts — d. h. durch Fließbewegung (denn man kann natürlich nicht nur flüssige oder gasförmige, sondern auch feste Körper „fließen" lassen) — ein Hebling H in eine auf- und niedergehende Bewegung versetzt werden soll. Der Hebling H wird durch Kopplung mit einer Zahnflanke bei P angehoben und gleichzeitig wird eine Feder F zusammengedrückt, die nach Umschaltung der Bewegung an der Spitze eines Zahnes, also nach der Entkopplung den Hebling zurücktreibt (**Schwellkraftanordnung**).

In Abb. 33 (Modell) sehen wir den gleichen Hebling anstatt mit Druck- mit Zugbeanspruchung. Die Zahnstange ist infolgedessen umgekehrt und die Feder als Zugfeder ausgebildet. Die Wirkungsweise ist sonst dieselbe.

Wenn wir jetzt die Federkraft der Abb. 32 durch eine unabhängige Gegenkraft ersetzen, so gelangen wir zu der in Abb. 34 (Modell) dargestellten Anordnung, die wohl ohne weitere Erklärung verständlich ist. Jeder der beiden Heblinge H₁ und H₂, die durch den beweglichen Koppelhebel K verbunden sind, ist nur auf Druck beansprucht (**Gegenkraftanordnung**).

Vereinigen wir die beiden Anordnungen der Abb. 32 (Druckbeanspruchung des Heblings) und der Abb. 33 (Zugbeanspruchung des Heblings) miteinander, so bilden die beiden Zahnstangen Z₁ und Z₂ die in Abb. 35 (Modell) zu erkennende Zickzackkurve, in der sich ein Stift P des Heblings H auf- und niederbewegen läßt. Der Hebling H wird nunmehr auf Druck und Zug beansprucht (**Wendekraftanordnung**).

In diesen drei Beispielen sehen wir ähnliche Wirkungen wie bei den Geräten der elektrischen Stromkreise, den Schwellstrom-, Gegenstrom- und Wendestromgeräten.

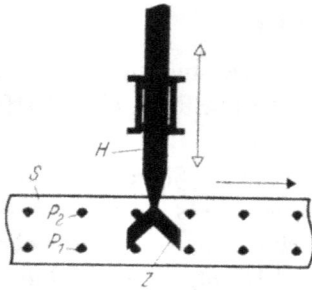

Abb. 38. Modell.

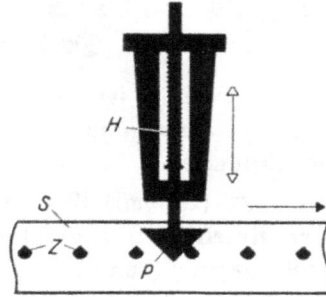

Abb. 39. Modell.

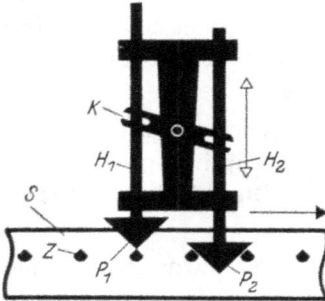

Abb. 40. Modell.

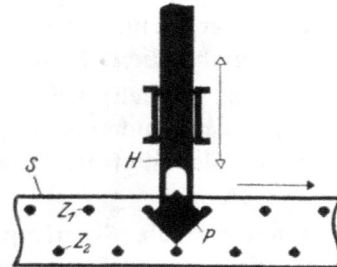

Abb. 41. Modell.

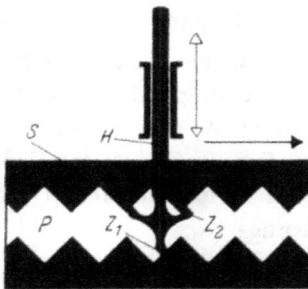

Abb. 42. Modell.

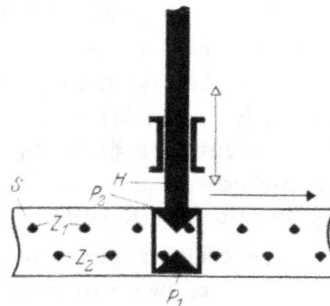

Abb. 43. Modell.

Abwandlungsverfahren.

Außer diesen drei typischen Grundausführungen können wir nun eine Reihe weiterer Ausführungen durch folgende Abwandlungsverfahren erhalten:

Formenwechsel. Wenn wir die in Abb. 35 gezeigte Zickzackkurve Z am Hebling anbringen und die Zahnstange durch eine Stange S mit Stiften P ersetzen, so ergibt sich Abb. 36 (Modell).

Lagenwechsel. Wenn wir dagegen die Hohlkurve in Abb. 35 durch eine Vollkurve Z ersetzen, so wird daraus die Ausführung der Abb. 37 (Modell). Es ist Innen und Außen vertauscht.

Wird hierbei wieder Formenwechsel eingeführt, so haben wir die Ausführung der Abb. 38 (Modell). Die Vollkurve Z ist am Hebling H befestigt.

Größenwechsel. Wir können nun weiter die in Abb. 32 dargestellten Zähne Z in ihren Abmessungen abmindern derartig, daß nur die Spitzen übrigbleiben, dann müssen wir gleichzeitig die Abmessungen des Heblingsfußes P, soweit er mit der Zahnstange in Berührung kommt, vergrößern, so kommen wir zur Ausführung Abb. 39 (Modell).

Es ergeben sich nun ohne weiteres wieder Abb. 40 (Modell) und Abb. 41 (Modell) als Gegenkraft- und Wendekraftanordnung und auch wiederum aus Abb. 41 durch Formenwechsel Abb. 42 (Modell), durch Lagenwechsel Abb. 43 (Modell) und hieraus wieder durch Formenwechsel Abb. 44 (Modell).

Das bedeutet, daß wir zwölf verschiedene Ausführungen erhalten haben, von denen fünf bislang gänzlich unbekannt gewesen sind. Wenn wir aber zu den Druckkräften noch die Zugkräfte hinzunehmen würden, so hätten wir sechzehn Ausführungen.

Es ist doch erstaunlich, mit wie einfachen Überlegungen man aus einem gegebenen Getriebe gleich sämtliche noch möglichen Abwandlungen zu finden in der Lage ist.

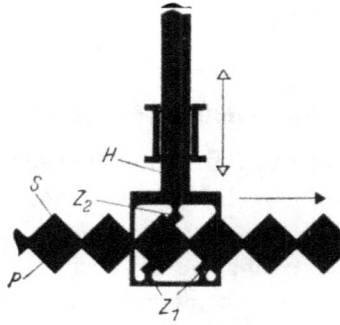

Abb. 44. Modell.

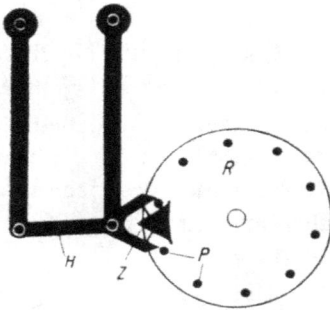

Abb. 45. Modell.

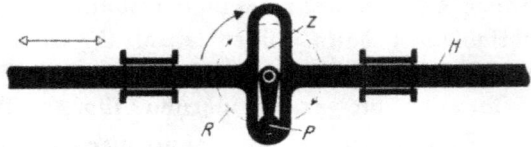

Abb. 46. Modell.

a   *b*   *c*

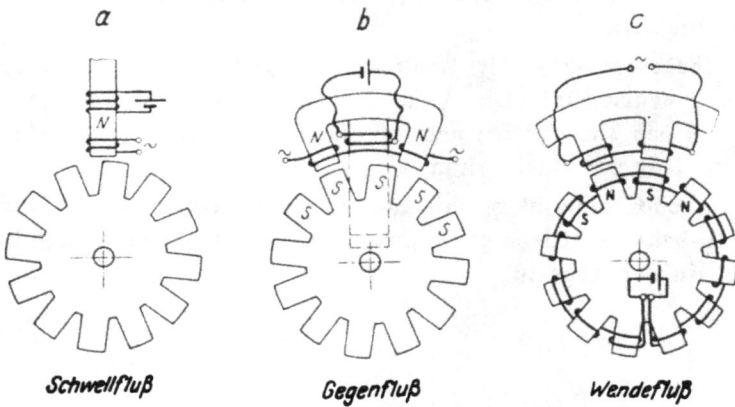

Schwellfluß   *Gegenfluß*   *Wendefluß*

Abb. 47.

Erzeugung von Verschiebebewegungen aus Drehbewegungen.

Wenn wir die Zahnstange der Abb. 32 als Teil eines Rades mit unendlich großem Radius auffassen, können wir die sämtlichen kennengelernten Verfahren auch bei endlichem Radius zur Umwandlung von Drehbewegungen in Verschiebebewegungen anwenden.

Nur ein Beispiel sei in Abb. 45 (Modell) entsprechend Abb. 36 dargestellt, bei dem sich während einer Drehbewegung des Rades R zehn Verschiebungen des Hebels H ergeben.

Übersetzungswechsel. Machen wir jetzt die Zahl der Stifte P immer kleiner, so kommen wir schließlich zu einem Stift mit einer einzigen Verschiebung bei einer Umdrehung des Rades R, also zur Übersetzung 1:1. Dann wird aber aus diesem Getriebe die Kreuzkurbel Abb. 46, die hiernach also aus einem Kurvenschubgetriebe entwickelt ist.

Das Zahnrad als Schaltgetriebe.

Kehren wir noch einen Augenblick zum Zahnrad zurück und denken wir uns dieses als magnetisches Zahnrad, also als Polrad ausgebildet, so haben wir in Abb. 47a—c drei verschiedene Typen von Wechselstrommaschinen. Wir können sie unterscheiden nach Art der magnetischen Flußänderung in a) Schwellfluß=, b) Gegenfluß=, c) Wendeflußanordnungen. Die Schwellflußanordnung wird vorzugsweise bei der Konstruktion von Hochfrequenzmaschinen angewendet, die Gegenflußanordnung findet sich nur bei älteren Konstruktionen, die heute nicht mehr üblich sind, dagegen ist die Wendeflußanordnung die Grundlage der modernen Wechselstromerzeugung.

Die Ähnlichkeit der elektrischen Vorgänge mit den mechanischen bei Umwandlung einer Drehbewegung in eine Verschiebebewegung liegt wieder auf der Hand.

Es ist sehr reizvoll, einmal sämtliche Zahnräder unter einem gemeinsamen Gesichtspunkte zusammenzufassen. So haben wir:

Galvanische Zahnräder, das sind die drehbaren Stromschließer und Kommutatoren,

Magnetische Zahnräder, die wir in Abb. 47 (a—c) kennengelernt haben,

Dielektrische Zahnräder, das sind die Scheiben der Influenzmaschinen mit ihren Belegungen,

Gewöhnliche mechanische Zahnräder,

Hydraulische Zahnräder, das sind die Wasserräder und Turbinen,

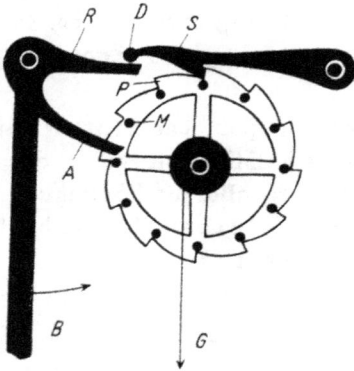

Abb. 48 a. Modell.

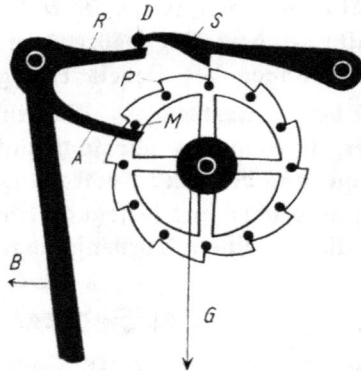

Abb. 48 b. Modell.

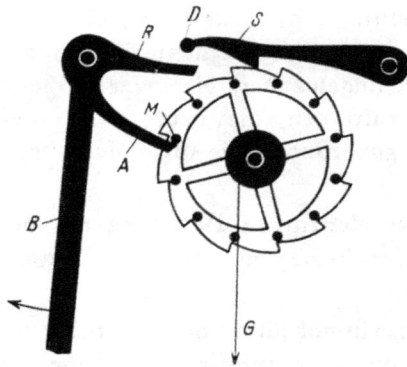

Abb. 48 c. Modell.

Pneumatische Zahnräder, das sind die Windräder, Ventilatoren, Dampfturbinen usw.

Alle diese Getriebe zeigen sehr große Ähnlichkeiten, die hier in diesem Rahmen leider nicht besprochen werden können.

Umwandlung von Drehbewegungen in mechanische Verschiebe- bzw. Schwingungsbewegungen mit Selbststeuerung.

Die bisher behandelte Art der Erzeugung von Verschiebebewegungen aus Fließbewegung und Drehbewegung geschah durch zwangläufige Umsteuerung vermittels der Zahnstange oder des Zahnrades von der Fließ- bzw. Drehbewegung, also vom Antrieb aus.

Im Gegensatz dazu gibt es auch noch eine andere Art der Erzeugung von Verschiebebewegungen, bei welcher die Steuerung der Bewegung von der Verschiebebewegung selbst, also vom Abtrieb ausgeht.

Mechanische Selbstschwinger.

Wir wollen das zunächst wieder an einem Beispiel erläutern.

In den Abb. 48 (a—c) (Modell) ist ein Uhrpendelantrieb dargestellt, der Galileische Gang, der bereits aus 1649 stammt. Wir sehen ein durch eine Kraft G angetriebenes Rad, das mit Stiften M und mit Sperrzähnen P versehen ist und als Kopplungs- und Sperrad verwendet werden soll.

Wird das Pendel B zunächst von Hand in Richtung des Pfeiles nach rechts bewegt (Abb. 48 a), so wird durch den Arm R des Pendels der Sperr-klinkenhebel S angehoben und das Rad freigegeben (Abb. 48 b). Infolgedessen fällt sofort der Stift M auf den Kopplungshebel A des Pendels und gibt diesem einen Antrieb nach links. Bei dieser Bewegung des Pendels (Abb. 48 c) senkt sich auch der Arm R und gibt die Sperrklinke S bei D wieder frei, die nunmehr, bevor bei der Weiterbewegung des Pendels nach links die Kopplung zwischen dem Stift M des Rades und dem Kopplungshebel A aufgehoben wird, zur erneuten Sperrung am nächsten Zahn bereitsteht.

Dieser Vorgang wiederholt sich nunmehr periodisch, und das Pendel erhält dadurch einseitigen Antrieb (Schwellkraft).

Es muß also die Sperrklinke S bereits beseitigt sein, bevor die Kopplung mit dem Pendel zwischen M und A erfolgt, und sie muß wieder eingesetzt sein, bevor die Kopplung beendet ist. Das bedingt einen zeitlichen Bewegungsunterschied, eine Phasenverschiebung zwischen Sperrung und Kopplung, also zwischen Sperrhebel und Pendel, die durch den Steuerhebel R so hervorgebracht wird, daß die Bewegung des Sperrhebels S immer voreilt.

4

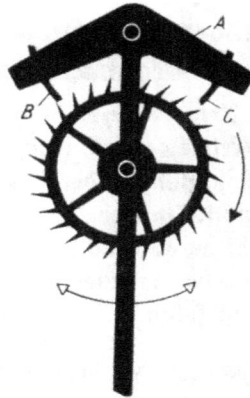

Abb. 49. Modell.

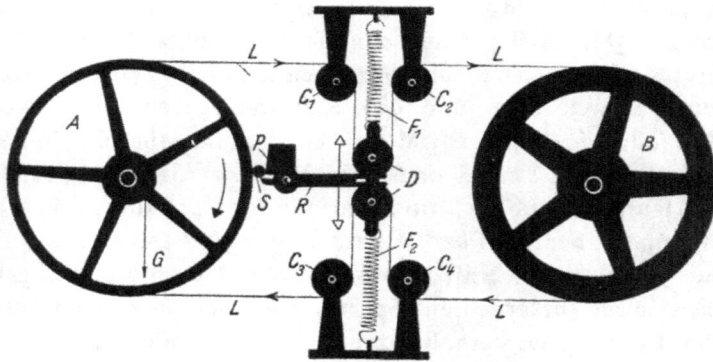

Abb. 50. Modell.

Es ist derselbe Vorgang, den wir von der Kolbendampfmaschine her kennen, daß nämlich die Bewegung des Schiebers, d. h. also der Sperrung gegen die Kolbenbewegung voreilen muß.

Bei jeder Verschiebebewegung oder Schwingungserzeugung mit Selbststeuerung ist dieser Vorgang wesentlich.

Der Galileigang hat einseitigen Antrieb, also Schwellkraftantrieb.

Im Gegensatz dazu haben wir in Abb. 49 (Modell) einen Graham= gang mit doppelseitigem Antrieb (Gegenkraftantrieb). Die Zähne des Rades dienen zum Sperren und Koppeln. Demzufolge sind auch Sperr= hebel und Steuerhebel miteinander vereinigt zum Anker A, dessen Anker= klauen B und C abwechselnd erst sperren durch den Kreisbogen links auf jeder Ankerklaue und dann für einen Augenblick durch Kopplung angetrieben werden, indem die Zahnspitze auf die untere schräge Fläche der Ankerklaue drückt, ein Vorgang, der sich auf beiden Seiten abspielt.

Die Anzahl solcher Vorrichtungen ist sehr groß.

Es ist aber durchaus nicht erforderlich, Sperr= und Koppelrad als Zahn= räder auszubilden. Abb. 50 (Modell) läßt eine ganz andere Anordnung erkennen.

Ein durch eine Kraft G angetriebenes Rad A überträgt seine Dreh= bewegung vermittels des Seiles L, das durch vier Leitrollen C_1, C_2, C_3 und C_4, sowie durch die beiden losen Rollen D geleitet wird, auf ein Schwung= rad B. Die losen Rollen D sind durch die Federn F_1 und F_2 in einer Mittel= lage festgehalten und bilden mit dem Schwungrad B ein schwingungs= fähiges System. Im Ruhezustande sperrt eine zwischen Radkranz des Rades A und Fläche P eingeklemmte Kugel S die Fortbewegung des Rades A. Infolge Schwingungsbewegung der losen Rollen D vermag ein Hebel R die sperrende Kugel anzuheben und damit die Drehbewegung des Rades A freizugeben, wodurch ein Antrieb des schwingenden Systems vom Rad A aus über das Seil L erfolgt. Dabei wird durch den Hebel R die Sperrung S wieder eingelegt und bei der entgegengesetzten Bewegung wieder ausgelöst.

Wir haben hier alle Merkmale einer sich selbst steuernden Anordnung, nämlich: ein schwingungsfähiges System, das durch Kopplung mittels Seilzuges L angeregt wird und mittels des Steuerhebels R (der Rück= kopplung) auf die Sperrung S des Antriebes einwirkt.

Wir wollen diese Grundgedanken nunmehr auf elektromagnetisch angetriebene Pendel und ähnliche Vorrichtungen, die als Selbstunter= brecher wirken, in Anwendung bringen.

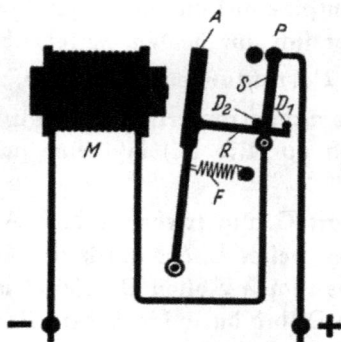

Abb. 51. Modell.

Umwandlung elektrischer Fließbewegungen in mechanische Verschiebe- bzw. Schwingbewegungen.

Selbstgesteuerte elektromagnetische Unterbrecher.

Abb. 51 zeigt eine an eine Gleichstromquelle angeschlossene elektromagnetische Schwingvorrichtung, die zur Abgabe von akustischen Signalen, zur Betätigung von mechanischen Schrittschaltwerken usw. oder auch nur zur andauernden Stromunterbrechung und Schließung verwendet werden kann.

In dem durch die Abbildung gerade dargestellten Augenblick ist ein Stromkreis über den Kontakt P, den Schalthebel S und den Elektromagneten M geschlossen. Der Anker A wird angezogen und nimmt einige Zeit später durch den Stift D_1 des Hebels R den Schalter S mit, der dadurch den Stromkreis bei P unterbricht. Der nunmehr aberregte Elektromagnet M läßt den Anker los, der durch die Feder F zurückgezogen wird. Vor Beendigung dieser Zurückbewegung wird nun aber mittels des am Ankerhebel R befestigten Stiftes D_2 der Stromkreis durch den Schalterhebel S bei P wieder geschlossen, so daß der Vorgang von neuem beginnen kann.

Zur andauernden Verschiebebewegung des Ankers sind also erforderlich:

1. ein anzutreibender Anker A,
2. ein Schalthebel S (hier also eine Sperrung),
3. eine zeitweilige Kopplung zwischen beiden zwecks Steuerung durch die Stange R mit den Mitnehmerstiften D_1 und D_2, durch deren Abstand die nötige Phasenverschiebung zwischen der Bewegung des Schalthebels S und des Ankers A erzielt wird.

Das sind also genau dieselben Organe, die wir bereits beim „Galilei-Gang", Abb. 48, kennengelernt haben[1]).

In dem soeben behandelten elektromagnetischen Selbstunterbrecher kann nun sowohl der Anker A, der hier einen Schlaghebel darstellt, als auch der Schalter, der hier ein Reibungshebel (Kipphebel) ist, durch zwei andere der drei früher kennengelernten Rasthebel (siehe Abb. 31) ersetzt und die Kopplung zwischen beiden verschiedenartig gestaltet werden, woraus sich eine ganze Reihe von Abwandlungen ergibt, wie im folgenden gezeigt werden soll.

---

[1]) Um die Vorgänge während der sehr schnellen Bewegung des Unterbrechers genau verfolgen zu können, wurde bei der Vorführung eine stroboskopische Scheibe in den Lichtstrahl der Lampe eingefügt und mit der angenähert gleichen Geschwindigkeit des schwingenden Hebels gedreht. Dadurch erscheint die Bewegung im Bilde verlangsamt, und man konnte deutlich die Phasenverschiebung zwischen den Hebeln erkennen.

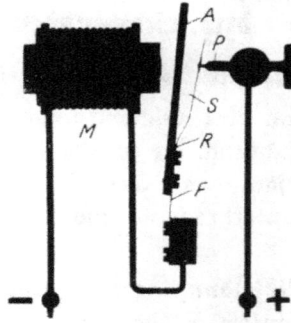

Abb. 52. Modell.

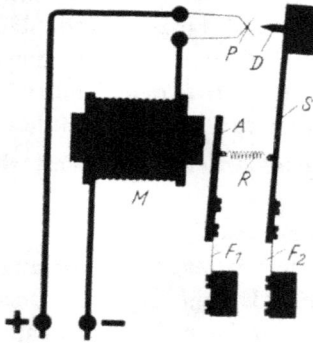

Abb. 53. Modell.

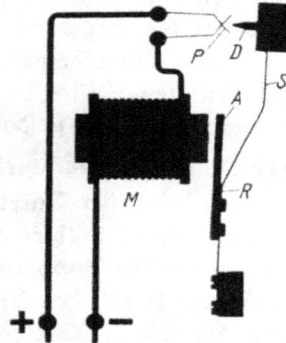

Abb. 54. Modell.

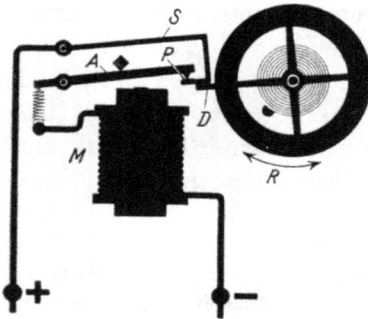

Abb. 55. Modell.

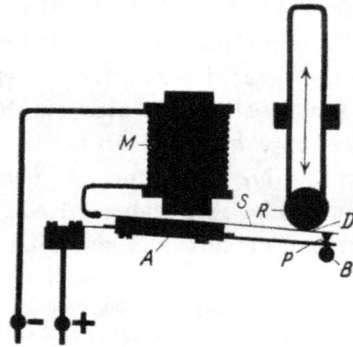

Abb. 56. Modell.

In Abb. 52 (Modell) sehen wir die bekannte Anordnung des „Neefschen Hammers". Hier ist der Anker mit Hilfe der Feder F zu einem Schwinghebel ausgebildet. Der aus einer Feder bestehende Schalthebel S stellt einen Schlaghebel dar, der mit dem Anker direkt gekuppelt ist.

Es ist nun ein unbedingtes Erfordernis, daß beim Anzug des Ankers A der federnde Kontakthebel S noch eine Zeitlang den Kontakt P berührt, und ebenso ist notwendig, daß beim Rückgang des Ankers, bevor er seine äußerste Lage erreicht, bereits durch den federnden Schalter S der Kontakt P wieder geschlossen wird, weil nur dann mit dem durch die Selbstinduktivität der Magnetspule verspäteten Stromanstieg eine Phasenverschiebung zwischen Einschaltung und Ankerbewegung erreicht werden kann, durch die eine andere Energiezufuhr beim Anzug des Ankers als beim Abzug gewährleistet ist.

In Abb. 53 (Modell) ist der Ankerhebel A ein Schwinghebel, der Schalthebel S desgleichen. Zwischen beiden befindet sich eine Feder R als Kopplung. Durch die stark ausgeprägte Phasenverschiebung wegen der großen Trägheit des Schalthebels S wird der Anker erst ganz zum Anzug gebracht, bevor die Ausschaltung des Magneten durch Auftrennen des Kontaktes bei P durch das Isolierstück D erfolgt.

Abb. 54 (Modell) unterscheidet sich von der vorhergehenden Konstruktion nur durch die Lagerung des Schalthebels auf dem Anker A bei R. Das ist eine andere Kopplungsart, die man, da der Aufhängungspunkt R des schwingenden Schalthebels S mit der Bewegung des Ankers A verschoben wird, als eine Art Trägheitskopplung auffassen kann.

In Abb. 55 (Modell) ist der Anker A ein Schlaghebel, der durch Schwerkraft beeinflußte Schalter S desgleichen. Die Verbindung zwischen beiden zwecks Kontaktbildung bei P wird durch das Radpendel R mit Hilfe der Nase D hergestellt. Wird nun der Anker A angezogen, so erhält das Radpendel R bei D einen Antrieb und macht infolgedessen einen großen Schwingungsausschlag. Während dieser Zeit ist bei P der Kontakt geöffnet, da S herabgefallen ist. Beim Rückschwingen hebt das Radpendel R mit Hilfe der Nase D den Schalter und Anker wieder an und schließt damit den Kontakt bei P mit dem Schalter S, so daß der Vorgang von neuem beginnen kann.

Durch das langsam schwingende Radpendel wird eine starke Verzögerung erreicht, daher seine Anwendung zu „Langsamschaltern".

In Abb. 56 (Modell) ist das Radpendel durch eine zwischen Führungsschienen senkrecht bewegliche Kugel R als Steuerhebel (Rückkopplung) ersetzt, welche durch ihr Gewicht den auf dem Anker isoliert befestigten, federnden Schalter S mit dem Anker bei P in Berührung bringt. Die

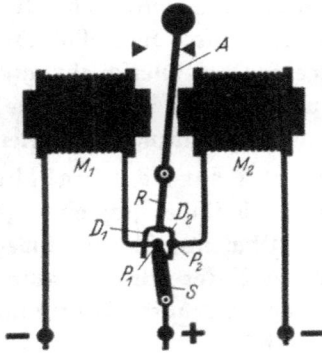

Abb. 57. Modell.

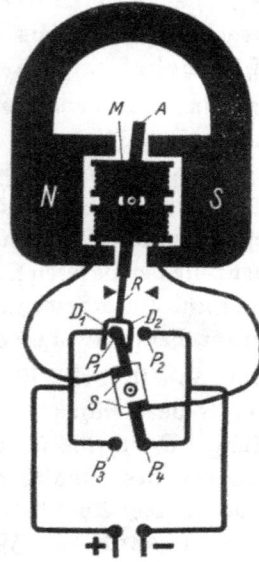

Abb. 58. Modell.

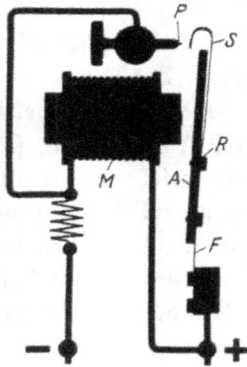

Abb. 59. Modell.

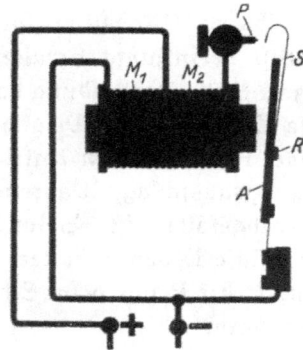

Abb. 60. Modell.

Kugel stellt also einen wagerecht liegenden Schlaghebel mit unendlich großem Radius dar. Beim Anziehen des Ankers wird die Kugel in die Höhe geschleudert und damit gleichzeitig der Kontakt bei P geöffnet. Durch Zurückfallen der Kugel wird der Kontakt mit dem Anker, der sich schon vorher auf den Anschlag B gelegt hatte, bei P wieder geschlossen.

In sämtlichen vorhergehenden Modellen war nur der einfache Stromkreis benutzt.

In Abb. 57 (Modell) ist nun ein verzweigter Stromkreis dargestellt mit einem Gegenstromgerät, bei welchem zwei verschiedene Elektromagnete M_1 und M_2 folgezeitig den als Kipphebel ausgebildeten Anker A hin= und herbewegen. Die Bewegung wird durch den am Anker befestigten Steuerhebel R mit den beiden Gabelzinken D_1 und D_2 mit der nötigen Phasenverschiebung auf den Umschalter S übertragen, der abwechselnd bei P_1 den Magneten M_1 und bei P_2 den Magneten M_2 einschaltet.

Dagegen finden wir in Abb. 58 (Modell) die Verbindung eines Brückenkreises (siehe Abb. 9d) mit einem Wendestromgerät.

Aus der Abbildung ist insbesondere die große Ähnlichkeit des galvanischen Brückenkreises nebst doppelpoligen Umschalters (Wendeschalters) S mit dem magnetischen Brückenkreis zu erkennen, bei welchem der Anker A einen doppelpoligen Umschalter darstellt, und die vier Polschuhe des Magneten den vier Kontakten P_1 bis P_4 entsprechen. In beiden Fällen wird eine vollständige Umkehr des Flusses erreicht, und zwar beim galvanischen Kreis des elektrischen Stromes durch den Wendeschalter S und beim magnetischen Kreis des magnetischen Flusses innerhalb des Ankers A durch die Umkehr der Stromrichtung in den Spulen M.

Wir können nun außerdem noch beim elektromagnetischen Selbstunterbrecher sämtliche 14 aufgeführten Methoden der Abb. 11 zum Ein- und Ausschalten von Stromkreisen zur Anwendung bringen, wobei also drei verschiedene Stromkreise, drei verschiedene Elektromagnetsysteme und drei verschiedene Schalteranordnungen gebraucht werden.

So sehen wir in Abb. 59 (Modell) den verzweigten Stromkreis mit Kurzschluß des Elektromagneten. Der Elektromagnet M wird durch den Schalter S entkoppelt.

Abb. 60 (Modell) zeigt den verzweigten Stromkreis mit Gegenstromgerät, bei dem zwei Spulen M_1 und M_2 auf einem gemeinsamen Kern sitzen, so daß die Stromwirkung der einen Spule durch die Gegenstromwirkung der anderen Spule aufgehoben wird.

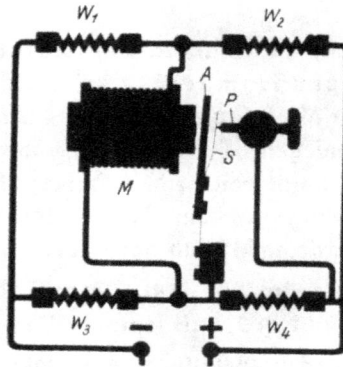

Abb. 61. Modell.

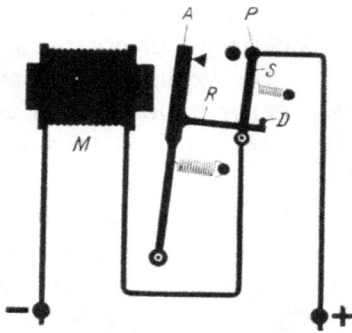

Abb. 62. Modell.

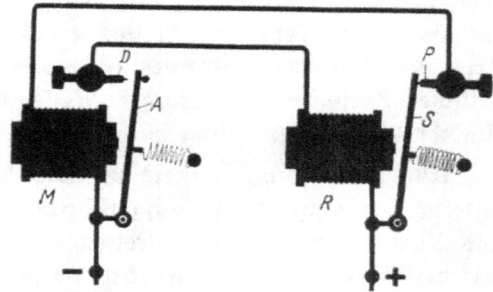

Abb. 63. Modell.

In Abb. 61 (Modell) erkennen wir einen Brückenstromkreis mit den vier Widerständen W_1, W_2, W_3, W_4, von denen der letztere im Ruhezustand durch den Kontakt P kurzgeschlossen ist. Infolgedessen wird beim Einschalten der Stromquelle, da in der Brücke ein Gleichgewicht nicht besteht, der Elektromagnet M den Anker A zum Anzug bringen. Hierdurch wird der Widerstand W_4 eingeschaltet, und da nunmehr das Verhältnis W_1 zu W_2 wie W_3 zu W_4 besteht, ist die Brücke ausgeglichen, der Elektromagnet M wird stromlos und der Anker wieder freigegeben.

Die Anzahl der Konstruktionsmöglichkeiten der elektromagnetischen Selbstunterbrecher bestimmt sich aus der Kombination der verschiedenen Leitungskreise, Magnetfeldanordnungen, Ankersysteme, Kontaktvorrichtungen und Kopplungsarten. Es ergeben sich 214 brauchbare Lösungen. Berücksichtigt man aber auch noch kleinere Abweichungen, so geht die Zahl der Lösungen weit über 3000 hinaus.

Abb. 62 stellt einen Anker A als Schlaghebel dar, desgleichen den Schalter S, der durch die Steuerstange R (Rückkopplung) mit Hilfe des Mitnehmerstiftes D, nachdem er bereits einen Anzugsweg gemacht hat, zur Unterbrechung des Stromes bei P mitgenommen wird.

Es sei nun aus irgendwelchen Gründen die Aufgabe zu lösen, den Schalthebel S in so großer Entfernung vom Anker A zu lagern, daß sie sich durch eine mechanische Steuerung (Rückkoppelung) nicht ohne weiteres überbrücken läßt. Dann könnte man auf den Gedanken kommen, statt der mechanischen Steuerung eine elektrische vorzusehen. Dadurch entsteht Abb. 63. Hierbei wird der Anker A durch den Elektromagneten M bewegt, der Schalter S dagegen durch einen zweiten Elektromagneten R, der mit dem bei D einschaltbaren Stromkreise dem Steuerhebel R der Abb. 62 entspricht. In dem hier gezeichneten Anfangszustand ist der Elektromagnet M über den Kontakt P des Schalters S geschlossen. M zieht an, schließt dabei den Kontakt D, wodurch der Elektromagnet R erregt und der Anker S angezogen wird. Dadurch wird bei P der Stromkreis für M geöffnet, der Anker A fällt infolgedessen ab, öffnet den Stromkreis für R, der Schalter S fällt ab, schließt den Kontakt P, und nunmehr beginnt das Spiel aufs neue.

Dieser Unterbrecher gehört zu den sog. Relaisunterbrechern, die in der automatischen Telephonie eine besondere Rolle spielen. Wir können sie mit drei verschiedenen Stromkreisen, drei verschiedenen Elektromagneten, drei verschiedenen Schaltern und drei verschiedenen Rasthebeln ausführen und erhalten auf diese Weise 155 ausführbare Kombinationen, von denen fünf bislang patentiert waren.

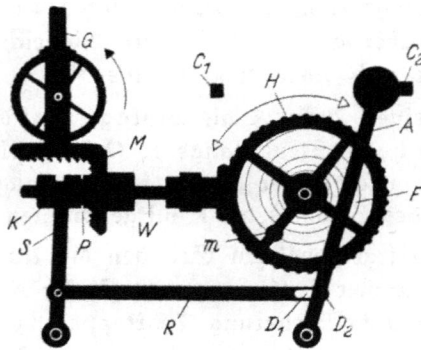

Abb. 64. Modell.

Ähnliche Anordnungen finden wir auch auf anderen Gebieten. Es sei z. B. auf die schwungradlosen Dampfzwillingspumpen von Worthington hingewiesen, bei welchen die Bewegung jedes der beiden Dampfkolben wechselseitig durch die Bewegung des anderen Kolbens gesteuert wird.

Nach den gleichen Grundsätzen lassen sich nun sämtliche Schwingungs= getriebe aus allen Gebieten behandeln, also mechanische, elektrische, hydraulische, pneumatische und zusammengesetzte Schwingungsgetriebe.

Umwandlung mechanischer Drehbewegungen in Dreh= verschiebungen mit Selbststeuerung.

Es sei z. B. die Aufgabe zu lösen, eine mechanische Drehbewegung einer Welle G (Abb. 64, Modell) in die Drehverschiebung, d. h. hin= und hergehende Drehung einer Welle W und eines Rades H, umzuwandeln.

Zu diesem Zweck wird das auf der Welle W lose sitzende Kegel= rad M von G aus ständig angetrieben und durch eine auf der Welle W in einer Nut verschiebbaren Kupplung K zeitweise mit der Welle bei P gekuppelt. Das von der Welle W aus angetriebene Kegelrad H besitzt einen Mitnehmerstift m, der bei der Drehung des Rades H den zwischen den Endlagen C_1 und C_2 drehbaren Kipphebel A mitnimmt und umkippt, sobald der Stift den Kipphebel im unteren Teil berührt. Hinter dem oberen Teil des Kipphebels A kann der Mitnehmerstift m frei vorbeigehen. Wird nunmehr bei einer Rechtsdrehung des Rades H der Mitnehmerstift m nach einer Winkeldrehung von etwa 270° aus der abgebildeten Lage den Kipphebel A erfassen und ihn nach links aus der Stellung C_2 nach C_1 um= kippen, so bewegt sich ein (hier nicht sichtbarer) Stift des Kipphebels in einem Schlitz der Steuerstange R zwischen den Anschlägen D_2 und D_1, um dann plötzlich mit Hilfe des Schalthebels S die Kopplungsmuffe K nach links zu verschieben und damit die Welle W vom Kegelrad M loszukoppeln.

In diesem Augenblick steht die Welle W nur unter dem Einfluß einer Spiralfeder F, die bei der Rechtsdrehung des Rades H aufgewunden war und nunmehr Rad H und Welle W zurückbewegt (Schwellkraftanord= nung). Gegen Ende dieser Bewegung stößt der Mitnehmerstift m wieder gegen den unteren Teil des Kipphebels A und zwar von der anderen Seite. Dieser wird nunmehr nach rechts umgelegt und schaltet über R und S die Kopplung K wieder ein.

Vergleicht man nun diese Abb. 64 mit Abb. 51, so erkennt man die Ähnlichkeit der Vorgänge aus der Anwendung der mit gleichen Buch= staben bezeichneten getrieblichen Mittel.

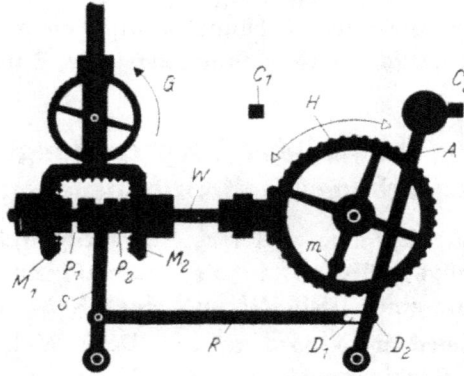

Abb. 65. Modell.

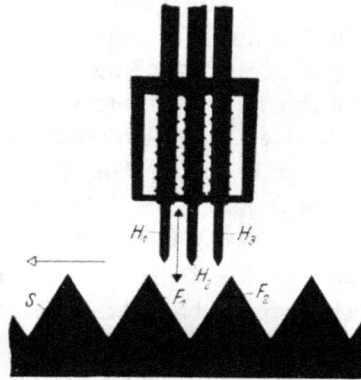

Abb. 66. Modell.

Ebenso ist in Abb. 65 (Modell) eine Anordnung dargestellt, die dem gleichen Zweck dient. Die Drehbewegung des Rades G ist hier in zwei entgegengesetzte Drehbewegungen der auf der Welle W lose sitzenden Winkelräder M_1 und M_2 umgewandelt. Durch eine mit dem Schalter S verschiebbare Umschaltkopplung kann die Welle W entweder bei P_2 mit dem Rad M_2 oder bei P_1 mit dem Rad M_1 verbunden werden. Damit ist die in Abb. 64 für die Rückbewegung notwendige Feder durch die Gegenwirkung eines zweiten Rades ersetzt (Gegenkraftanordnung). Alle übrigen Mittel sind dieselben geblieben. Abb. 65 entspricht der Abb. 57 in der Ähnlichkeit der Wirkungsweise und Anordnung.

Umwandlung von Verschiebebewegungen in Fließbewegungen oder Drehbewegungen.

In Abb. 66 (Modell) ist eine Zahnstange S dargestellt. Über ihr befinden sich drei einzeln in senkrechter Richtung verschiebbare Heblinge H_1, H_2, H_3, durch deren folgezeitigen Druck auf die Zahnflanken eine Fließbewegung der Zahnstange nach links oder rechts zustande kommen kann. Wird z. B. der Hebling H_1 abwärts bewegt, so stößt er auf die Zahnflanke F_1 und gibt der Zahnstange in horizontaler Richtung nach links so lange einen Antrieb, bis der Hebling in der Zahnsenke angekommen ist. Hiernach wird der Hebling H_1 losgelassen und durch eine Feder zurückbewegt. Wird jetzt der Hebling H_3 abwärts geschoben, so stößt er auf die Zahnflanke F_2 und bewegt die Zahnstange S wieder so lange nach links, bis er in der Zahnsenke angekommen ist. Hiernach wird der Hebling H_2 ebenfalls auf der Zahnflanke F_2 der Zahnstange S eine dritte Bewegung erteilen, so daß sich infolge der Betätigung der drei Heblinge die Zahnstange um einen Zahn nach links fortbewegt hat. Dieses Verfahren kann fortgesetzt werden. Wählt man aber eine andere Reihenfolge für die Verschiebung der Heblinge, z. B. H_3, H_1, H_2, so bewegt sich die Zahnstange nach rechts.

Wenn wir uns einmal die Zahnspitzen als die Nordpole und die Zahnsenken als die Südpole einer elektrischen Maschine vorstellen, so würden die drei Heblinge den drei Phasen einer Wechselstrommaschine und der Zahnabstand, den wir als Schritt bezeichnen, würde einer Periode entsprechen.

Wir können nun annehmen, daß die Zahnstange ein Teil eines Rades mit unendlich großem Radius sei. Für ein Rad mit endlichem Radius würde das Gleiche gelten.

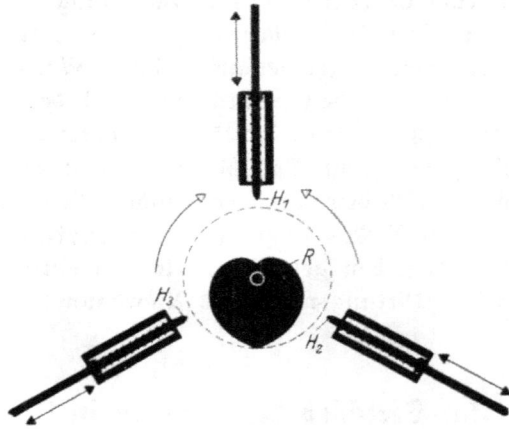

Abb. 67. Modell.

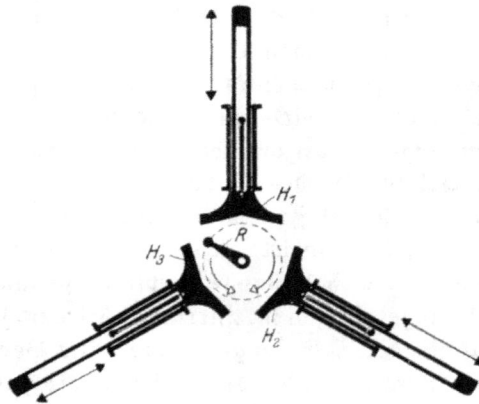

Abb. 68. Modell.

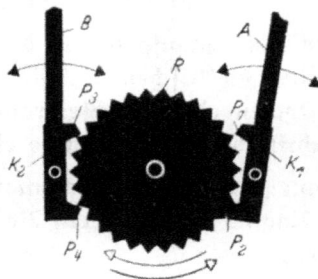

Abb. 69. Modell.

Überſetzungswechſel. Wenn wir dann aber Überſetzungswechſel ein=
führen, d. h. die Anzahl der Zähne immer kleiner werden laſſen, ſo kommen
wir ſchließlich zu einem Einzahnrad, dem bekannten Herzrad R (Abb. 67,
Modell), das der zweipoligen elektriſchen Maſchine ähnelt. Auch dieſes
Rad, deſſen Zahnflanken hier archimediſche Spiralen darſtellen (natürlich
aber auch andere Spiralformen haben können), wird durch drei um 120°
gegeneinander verſchobene Heblinge, die nacheinander betätigt werden
müſſen, rechts oder links herum gedreht.

Größenwechſel. Wenn wir nun wieder wie früher (ſiehe Abb. 39)
die Abmeſſungen des Zahnes vermindern und die Abmeſſungen des
Heblings vergrößern, ſo erhalten wir die in Abb. 68 (Modell) dargeſtellte
Kurbel und die mit Kurven verſehenen Heblinge. Die Wirkung iſt die gleiche
geblieben.

In dieſen Anordnungen wurden die drei Heblinge mit Schwellkraft
betätigt, und zwar, um die Verſchiebebewegung der Heblinge in eine Fließ=
bewegung der Zahnſtange bzw. in eine Drehung des Zahnrades umzu=
wandeln. Das Umgekehrte, nämlich die Umwandlung der Fließbewegung
einer Zahnſtange und die Verſchiebebewegung von Heblingen hatten wir
bereits in den Abb. 32, 34, 35 kennengelernt, und zwar nach drei ver=
ſchiedenen Verfahren, erſtens mit Hilfe von Schwellkräften, ſiehe Abb. 32,
zweitens durch Gegenkräfte nach Abb. 34 und ſchließlich mit einer Wende=
kraftanordnung nach Abb. 35.

Folglich müßten ſich auch die beiden letzten Anordnungen umkehren
laſſen, um die Verſchiebebewegung von Heblingen in eine Fließ= oder
Drehbewegung umzuſetzen, und zwar ſo, daß keine Totpunktſtellungen
entſtehen.

Dazu iſt im Falle der Gegenkraftanordnung eine Verdopplung des
Getriebes der Abb. 34, jedoch mit folgezeitigem (phaſenverſchobenem)
Antrieb erforderlich. In Abb. 69 ſind die Heblinge der Abb. 34 mit der
Kopplung zu einem Stück vereinigt, nämlich zu einem Anker K_1 mit den
Ankerklauen P_1 und P_2. Ein zweiter Anker K_2 mit den Klauen P_3 und P_4
greift — wie man deutlich erkennen kann — in phaſenverſchobener Stellung
ebenfalls in das Zahnrad R. Durch folgezeitige Hin= und Herbewegung der
Hebel A und B kann das Zahnrad R mit Hilfe der beiden Anker K_1 und K_2
gedreht werden, ohne daß eine Totpunktſtellung auftritt. Es iſt ein zwei=
phaſiges Syſtem.

5

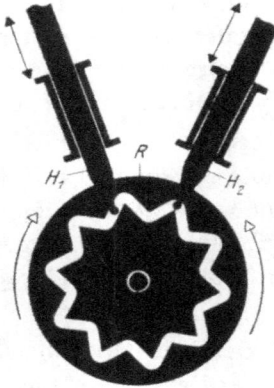

Abb. 70. Modell.

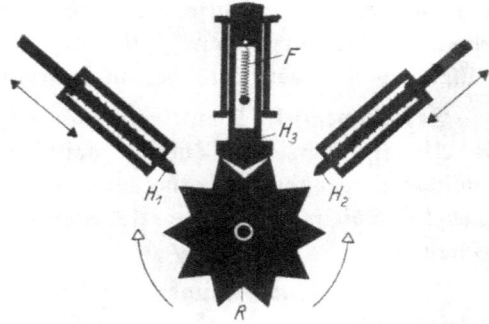

Abb. 71. Modell.

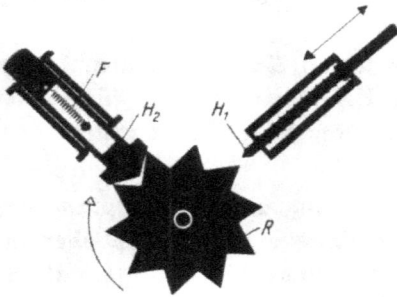

Abb. 72. Modell.

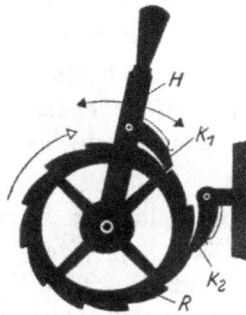

Abb. 73. Modell.

Dasselbe erreichen wir durch Verdopplung des Getriebes Abb. 35, wie Abb. 70 (Modell) zeigt. An den beiden Heblingen H_1 und H_2 sind Stifte befestigt, die phasenversetzt an den Flanken der sinusförmig gestalteten Kurve angreifen. Indem man die Heblinge nacheinander durch Druck und Zug bewegt, kann das Rad R ohne Totpunktstellungen gedreht werden. Auch diese Anordnung zeigt ein zweiphasiges System mit 90^0 Phasenverschiebung, das den elektrischen sehr ähnlich ist.

Wir haben aus den Abb. 66, 67, 68 ersehen, daß bei Anwendung von Schwellkräften zur Drehung ohne Totpunktlagen mindestens drei Heblinge erforderlich sind. Ein Vergleich mit Abb. 14 zeigt uns eine ähnliche elektromagnetische Anordnung. Bei dieser ließ sich aber gemäß Abb. 15 die eine der antreibenden Schwellkräfte durch eine Rastkraft ersetzen. So können wir auch hier, wie Abb. 71 (Modell) zeigt, einen Hebling durch einen Rasthebling H_3 mit Federkraft ersetzen und trotzdem das Rad R nach beiden Seiten bei richtiger Reihenfolge in der Bewegung der Heblinge drehen. Bewegen wir z. B. zuerst den Hebling H_1, dann den Hebling H_2, so ist der Fuß des Rastheblings H_3 durch diese Bewegung gerade über die Zahnspitze hinweg gelangt und dreht das Rad nun vermöge der Feder F wieder in die nächste Rastlage. Damit hat das Getriebe einen Schritt gemacht nach links herum. Werden die Heblinge in der Reihenfolge H_2, H_1 und H_3 betätigt, so dreht sich R rechts herum.

Sobald wir aber die Zahnflanken unsymmetrisch machen, wird nur eine Drehrichtung ermöglicht, es entsteht eine Art Ventilwirkung für Drehbewegungen. Dann kommen wir aber mit nur einem angetriebenen Schwellkrafthebling H_1 aus, während ein Rasthebling H_2 die neue Ruhelage des Rades R wieder einstellt (Abb. 72).

Die Anzahl der antreibenden Kräfte geht aber bis auf eine zurück, wenn wir die antreibende Kraft tangential wirken lassen. Dann muß der treibende Hebling beim Rückgang gleichzeitig eine senkrecht zur Stoßbewegung stehende Schaltbewegung machen, um wieder die Ruhelage zu erreichen.

Dieser Vorgang ist in Abb. 73 (Modell) dargestellt. Wir sehen die bekannte Schaltklinke K_1, die durch einen Handhebel H hin- und herbewegt werden kann. Bei einer Bewegung nach rechts drückt die Klinke auf die Zahnflanke in tangentialer Richtung, der Hebel ist mit dem Rad gekoppelt und dreht es rechts herum. Bei der Rückwärtsbewegung des Hebels nach links wird, während das Rad R durch die Sperrklinke K_2 festgehalten ist, die Kopplung aufgehoben. Die Sperrklinkenspitze macht eine radiale Bewegung nach außen und fällt hinter der nächsten Zahnerhebung wieder in

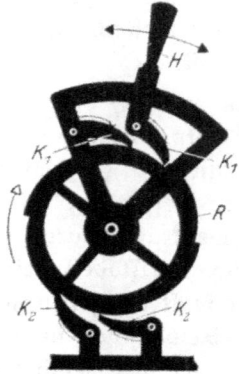

Abb. 74. Modell.

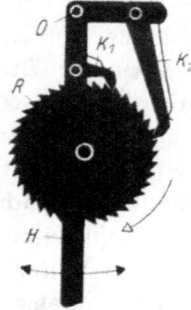

Abb. 75. Modell.

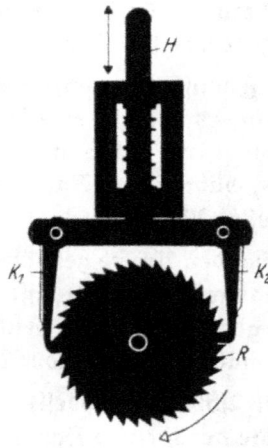

Abb. 76. Modell.

die Zahnlücke. Nur durch diese radiale Schaltbewegung wird ein neuer Tangentialantrieb bei der folgenden Rechtsbewegung des Hebels H zur weiteren Drehung des Rades R ermöglicht.

Es ist also allgemein festzustellen, daß Verschiebebewegungen in ständige oder absatzweise Drehbewegungen ohne Totpunktlagen nur dann umgewandelt werden können, wenn mindestens zwei senkrecht zueinander wirkende Verschiebebewegungen vorhanden sind.

Zahlenwechsel. Wir können nun wieder ein neues Abwandlungsprinzip aufstellen. Wir wollen es Zahlenwechsel nennen. Die Zahl der Zähne wird vermindert, z. B. auf die Hälfte, die Zahl der Schaltklinken und Sperrklinken gleichzeitig auf das Doppelte erhöht, s. Abb. 74 (Modell). Dann bleibt der Drehwinkel des Rades genau derselbe wie vorher.

Dieser Gedanke läßt sich schließlich so weit treiben, daß das Schaltrad nur einen Zahn besitzt und wir dafür 12 Schaltklinken und 12 Sperrklinken haben. Der Schaltwinkel ist noch derselbe geblieben. Der Grundgedanke des Zahlenwechsels läßt sich sehr häufig zur Anwendung bringen, und zwar bei allen Getrieben, die Verschiebebewegungen in Drehbewegungen umwandeln und umgekehrt.

Die drei vorstehenden Sperrtriebe hatten Schwellkraftantrieb. Es muß infolgedessen auch noch Gegenkraft und Wendekraftantriebe geben.

In Abb. 75 (Modell) ist ein um O drehbarer Hebel H dargestellt, der mit zwei Schaltklinken K_1 und K_2 ausgerüstet ist. Jede dieser Klinken übt auf die Zahnflanken des Rades R nur Druckwirkungen aus (Kraft und Gegenkraft), und zwar bei Rechtsbewegung des Hebels H die Klinke K_1, bei Linksbewegung die Klinke K_2. Erst durch beide Bewegungen wird R um einen Zahn, d. h. um einen Schritt, weiterbewegt.

In Abb. 76 (Modell) ist schließlich ein senkrecht in einer Führung verschiebbarer Hebling H abgebildet, welcher mit einer Zugklinke K_1 und einer Druckklinke K_2 das Rad R bewegt (Wendekraft).

Abb. 77. Modell.

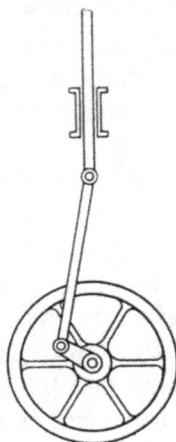

Abb. 78.

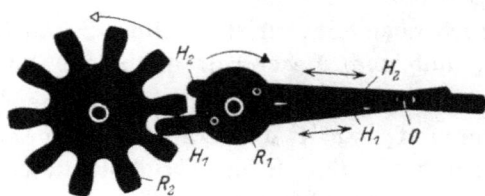

Abb. 79. Modell.

Überfetzungswechfel. Wir wollen jetzt die Zähnezahl vermindern. Als geringste Zähnezahl des in Abb. 76 dargestellten Getriebes, mit der eine Drehung des Rades R ohne Totpunktlagen überhaupt noch möglich ist, bleibt die Zahl drei übrig.

Ein folches Getriebe, bei dem außerdem noch Größenwechfel vorgenommen ist, das also statt der drei Zähne drei Stifte besitzt, ist aus Abb. 77 (Modell) zu erkennen. Wird jetzt die Zahl der Stifte noch weiter vermindert, so ist eine andauernde Drehung des Rades ohne Mitwirkung einer Hilfskraft (Hilfsphase) nicht möglich.

Bei der Zahl l kommen wir zu einer Kurbel, die durch beide Klinken, d. h. durch eine Druck= und eine Zugklinke, angetrieben wird, wobei nun die beiden Klinken zu einer Pleuelstange vereinigt werden, und ein Schwungrad als Hilfskraft zur Überwindung der Totpunkte vorhanden sein muß.

Damit ist die bekannte Kurbelfchleife Abb. 78 aus dem Schaltwerk Abb. 77 abgeleitet.

Aus einer großen Zahl von Beispielen haben wir gesehen, wie Drehbewegungen in Verfchiebebewegungen und diese wieder in Drehbewegungen umgewandelt werden können. Dabei waren die Verfchiebebewegungen die Vermittler der Drehbewegungen.

Man kann nun ganz allgemein die Catfache feftftellen, daß fich keine Drehung auf eine andere Drehachfe übertragen, d. h. wieder in eine Drehung umwandeln läßt, ohne daß nicht dabei Verfchiebebewegungen in Richtung der Übertragung notwendig wären.

Durch die Drehbewegung einer Scheibe R_1, Abb. 79 (Modell), foll ein Zahnrad R_2 gedreht werden. Zu diefem Zwecke find zwei Heblinge H_1 und H_2 einerfeits auf Zapfen der Scheibe R_1 drehbar gelagert und anderfeits bei O mit Schlitzen auf einem Stift verfchiebbar angeordnet. Wird die Scheibe R_1 im Sinne des Pfeiles angetrieben, fo macht jeder Hebling mit Bezug auf das Zahnrad R_2 eine Bewegung in radialer Richtung, um fich in eine Zahnlücke einzufchieben, damit das Zahnrad R_2 in tangentialer Richtung gedreht werden kann.

Die Scheibe R_1 mit den beiden Heblingen ftellt alfo ein Zweizahnrad dar.

Bei zwei beliebigen Stirn= oder Kegelzahnrädern, die miteinander in Eingriff stehen, wird die Drehbewegung nur dadurch übertragen, daß jeder Zahn fich in eine Zahnlücke des anderen Rades einfchiebt, alfo eine radiale Verfchiebebewegung macht, damit die Drehkraft an jedem Zahne von neuem angreifen kann.

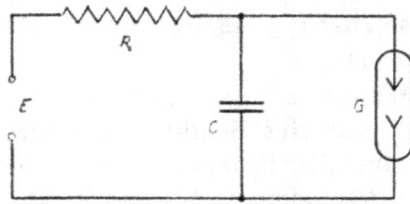

Abb. 80.

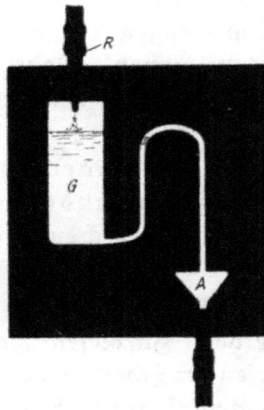

Abb. 81. Modell.

Die gleiche Wirkung können wir auch bei Reibrädern feststellen. Radialverschiebung der Oberflächenelemente infolge des Anpreßdruckes ist zur Erhaltung einer ständigen Drehkraft erforderlich.

Die Umwandlung von Fließbewegungen in Drehbewegungen zeigt ähnliche Erscheinungen. Die Schaufeln des unterschlächtigen Wasserrades z. B. müssen in die Wasserströmung ein- und austauchen, also in bezug auf die Fließbewegung des Wassers eine Verschiebebewegung machen, damit auf jede Schaufel immer wieder ein Drehmoment ausgeübt werden kann.

Wenn aber als Übertragungsmittel eine Schraube in Anwendung kommt, um Drehbewegungen in Fließbewegungen und umgekehrt umzuwandeln, so ist eine Verschiebebewegung nicht nötig. Dieser Fall ist aber keine Ausnahme, denn auch in der Elektrotechnik haben wir bekanntlich die unipolaren Anordnungen, bei welchen ohne Kommutatoren — da eben Verschiebebewegungen nicht vorhanden sind — Gleichströme durch mechanische Drehung erzeugt werden können oder umgekehrt durch Gleichströme mechanische Drehungen hervorgebracht werden.

Hydraulische Getriebe.

Außer den bereits besprochenen lassen sich selbstverständlich alle hydraulischen Getriebe nach den gleichen Gesichtspunkten behandeln. Nur ein Beispiel möge genügen.

Es sei die Aufgabe, eine hydraulische Vorrichtung zu konstruieren, bei welcher ein Wassergefäß durch konstanten Wasserzufluß gefüllt sich in regelmäßigen Zeiträumen selbsttätig entleert. Das ist eine Aufgabe, die außerordentlich viel Ähnlichkeit mit einer elektrischen hat, siehe Abb. 80, bei der ein Kondensator C von einer Stromquelle E über einen sehr großen Widerstand R langsam geladen wird und sich selbst nach Erreichung einer gewissen Spannung, der Zündspannung, einer Glimmlichtröhre G plötzlich über diese entladet, um dann von neuem geladen nach einiger Zeit sich wieder zu entladen. Diese Erscheinung, die man Kippen nennt, wird in der Elektrotechnik unter anderem zur Erregung kurzer Wellen benutzt.

In Abb. 81 (Modell) sei nun ein Gefäß G dargestellt, das durch eine einstellbare Düse vom Rohr R aus mit Wasser gefüllt wird. Ist nun der Wasserspiegel so weit gestiegen, daß das Wasser über dem Scheitel des Rohrkrümmers in das Abflußrohr A gelangt, so entsteht durch das herabfallende Wasser eine Saugwirkung, das Abflußrohr wird zu einem Saugheber und das Gefäß G entleert. Nunmehr füllt sich das Gefäß wieder durch den ständigen Zufluß bei R und entleert sich, sobald der Abfluß eingeleitet wird. Dieser Vorgang wiederholt sich ganz periodisch.

Wir haben hier also ein hydraulisches Getriebe mit Selbststeuerung, bei welchem außer dem Wasserfluß selbst keine beweglichen Teile zu finden sind, ähnlich der in Abb. 80 dargestellten elektrischen Anordnung.

Derartige Getriebe gibt es noch sehr viele.

Wie wichtig aber solche Vergleiche sind, mag daraus erkannt werden, daß z. B. Prof. Föttinger seinen bekannten hydraulischen Transformator konstruiert hat lediglich auf Grund von Vergleichen mit dem elektromagnetischen Transformator.

Die Vorführungen sind damit beendet, und ich darf mir wohl zum Schluß noch einige Worte gestatten.

Schlußwort.

Bei der ungeheuren Zahl der Schaltungen und Getriebe konnten wir nur mit flugzeugartiger Geschwindigkeit das riesengroße Gebiet lediglich von oben her besichtigen. Aber wir sahen überall in die Augen springende Ähnlichkeiten und erkannten die Wege, die hin- und herüber führen und uns die Möglichkeit geben einzudringen in noch wenig bekannte große Gefilde.

Eines glaube ich Ihnen bei dieser Gelegenheit bewiesen zu haben, daß Reuleaux' Vermutung, die Behandlung der Elektrotechnik lasse sich nach getrieblichen Gesichtspunkten vornehmen, richtig war, und daß die elektrischen Schaltungen tatsächlich elektrische Getriebe sind.

Damit erweitert sich unser Gesichtskreis ganz bedeutend. Und wenn wir nun auch die elektrischen Getriebe in den Rahmen der Getriebelehre aufnehmen, so ist es natürlich nicht angängig, diesen Teil ganz anders zu behandeln als die anderen.

Im Gegenteil, ich glaube an der großen Zahl von Beispielen aus vielen Gebieten gezeigt zu haben, wie ungeheuer wertvoll es ist, durch Vergleiche Ähnlichkeiten herauszufinden, die immer wieder zu neuen Getrieben bzw. Abwandlungen führen.

Aus diesen Vergleichen erst werden die schöpferischen Gedanken geboren.

Es gibt wohl bislang kein anderes Verfahren, das uns in den Stand setzt, mit so wenigen, immer wiederkehrenden Grundgedanken nicht allein eine solche Fülle neuer Getriebe zu finden, sondern auch zahlenmäßig die Möglichkeiten mit größter Wahrscheinlichkeit festzusetzen. Dabei ist dieses Verfahren folgerichtig und ohne jede Künstelei aufgebaut.

Die technischen Aufgaben sind heute so vielseitig, daß wir zu ihrer Lösung alle Mittel bereithalten müssen. Wir können Werkzeugmaschinen auf mechanische, pneumatische, hydraulische und elektrische Art steuern. Das Gleiche gilt natürlich auch für viele andere Maschinen. Die schwierigen Aufgaben der Fernsteuerung zeigen ebenfalls immer wieder Kombinationen mechanischer, elektrischer, hydraulischer Vorrichtungen.

Man kann daraus entnehmen, wie wichtig es ist, alle diese Dinge unter einem großen Gesichtspunkt in der Getriebelehre zu behandeln, um alle Möglichkeiten überhaupt herausfinden zu können.

Erst dann, wenn die Getriebe als solche gefunden sind, setzt die theoretische Untersuchung mit allen mathematischen und physikalischen Methoden ein, um für den gerade vorliegenden Zweck die beste Wirkungsweise und den höchsten Wirkungsgrad zu erzielen.

Darum wird die „vergleichende Schalt= und Getriebelehre" auch dem Theoretiker eine Fülle neuer interessanter Aufgaben unterbreiten.

Denn wer sich als Ingenieur oder Naturwissenschaftler mit irgend einem Bewegungsproblem zu beschäftigen hat, wird zunächst versuchen, sich ein Bild zu machen von dem „Mechanismus" d. h. also von dem „Getriebe" des Vorganges, um die Einzelheiten der Bewegung richtig erfassen und daraus die weiteren Folgerungen ziehen zu können.

Von dem Maße, in dem es ihm hierbei gelingt, diese Getriebe in seiner Vorstellung der Wirklichkeit anzupassen, ist ganz allein der spätere Erfolg abhängig. Dabei ist es ganz gleichgültig, ob die Aufgabe theoretisch-rechnerisch, experimentell oder konstruktiv gelöst werden soll.

Die Getriebe sind daher auf allen technischen und naturwissenschaftlichen Gebieten von ganz entscheidender Bedeutung. Nur ist das Merkwürdige, daß diese Tatsache manchem Ingenieur und Forscher gar nicht klar zum Bewußtsein zu kommen braucht, da er meist ganz gefühlsmäßig damit immer arbeitet.

Man wird allgemein den Eindruck haben, daß die vorgetragene „vergleichende Schalt= und Getriebelehre" ungeheuer einfach sei, und daher von jedermann leicht angewendet werden könnte.

Das erstere ist richtig, die Folgerung daraus aber nicht.

Denn einfach ist die "Schalt= und Getriebelehre", wie ja auch alle Äußerungen der Natur in der Technik einfach sind. Nur wir Menschen denken und machen sie erst kompliziert, weil wir der Natur niemals unbefangen gegenüberstehen.

Es ist doch eine bekannte Tatsache, daß jeder Erfinder ausgerechnet immer den verwickeltsten Weg wählt, seine Idee zu verwirklichen. Erst nach und nach erkennt er, daß es auch noch einfachere Lösungen gibt.

Das darf aber nicht etwa Veranlassung sein zu glauben, die „Schalt- und Getriebelehre" sei eine Methode zur Ausbildung von Erfindern. Nichts wäre verkehrter, als diesen Gedanken aufkommen zu lassen.

Denn das Konstruieren und Erfinden ist eine künstlerische Tätigkeit. Und wer nicht schon mit künstlerischen Fähigkeiten auf die Welt gekommen ist, kann niemals dazu erzogen werden.

Wissenschaften kann jeder nicht gerade Unbegabte bis zu einem gewissen Grade mit dem nötigen Fleiß und der nötigen Ausdauer erlernen.

Die göttliche Kunst des Konstruierens und Erfindens dagegen muß angeboren sein und kann nur fortentwickelt werden, sonst bleibt sie immer Stümperei.

Und da außerdem noch die erste neue Lösung irgendeiner Aufgabe immer einem intuitiven Gedanken, einer göttlichen Eingebung entspringt, so kann das Erfinden niemals gelehrt werden.

Ist nun aber die Lösung einer neuen Aufgabe gefunden, dann ist die „Schalt- und Getriebelehre" imstande, dem Erfinder und Konstrukteur die Mittel an die Hand zu geben, nunmehr auch all die anderen Wege zur Lösung zu finden und ihn dagegen zu schützen, daß nicht später ein anderer ihm die Früchte seiner Arbeit durch eine ähnliche Lösung fortnimmt.

Ob die „Schalt- und Getriebelehre" irgendeinen Einfluß auf die künftige Beurteilung des Wertes der Patente ausüben wird, wage ich nicht zu sagen. Das muß ich den Fachleuten überlassen.

Wir älteren Ingenieure haben das große Glück gehabt, die mit uns gleichzeitig werdende Technik mit allen ihren Neuerungen gewissermaßen mit der Muttermilch in uns aufzunehmen. Wir sind aber heute sämtlich Spezialisten geworden. Die heutige studierende Jugend dagegen hat es ungeheuer schwer, aus diesem Grunde einen Überblick zusammenfassender Art über das ganze Gebiet der Technik zu bekommen und läuft Gefahr, von vornherein für das Spezialistentum falsch vorbereitet zu werden. Denn es wird fraglos derjenige als Spezialist später am erfolgreichsten tätig sein, der eine Bildung auf breitester Grundlage genossen hat, um aus allen anderen Gebieten sich die Hilfsmittel und Hilfskräfte für sein Spezialgebiet herauszuholen.

Es besteht schon lange die Absicht, im Hochschulunterricht zusammenfassende Vorlesungen einzurichten, die einen Überblick verschaffen, ohne dabei nur an der Oberfläche zu bleiben.

Sollte sich da nun nicht Reuleaux' großer Wunsch verwirklichen lassen, die Getriebelehre, die ja in alle anderen Gebiete hineingreift und so viel Anregungen zu bieten vermag, als eine solches zusammenfassendes Lehrgebiet zu betrachten? Jedenfalls ist das ein Gebiet, das überall das größte Interesse auslöst und nie einseitig wirkt, so lange es die getriebliche Entwicklung zeigt.

Ich bin am Ende meiner Ausführungen und habe noch eine angenehme Pflicht zu erfüllen.

Ohne besondere geldliche Hilfe wäre es nicht möglich gewesen, die vielen Modelle, welche das Ergebnis der vergleichenden Untersuchung darstellen und darum eine absolute Notwendigkeit sind, herzustellen. Der Firma Siemens & Halske ganz besonders und dann auch den Deutsche Telephonwerken, die mir dafür die Mittel zur Verfügung gestellt haben, gilt daher mein wärmster Dank.

Ich bin ferner Dank schuldig meinem Oberingenieur, Herrn Friedrich Meyer, der, als es sich darum handelte, festzustellen, in welchem Ausmaß die Modelle hergestellt werden müßten, um die Bewegungsvorgänge jedem einzelnen in einem großen Hörsaal erkennbar vorzuführen, den einzig richtigen Vorschlag machte, sie so klein auszugestalten, daß sie als bewegliche Bilder durch den Bildwerfer auf den Projektionsschirm geworfen werden könnten, und der zum Gelingen der nicht gerade leichten Konstruktionen wesentlich beigetragen hat.